明解 線形代数

行列の標準形，固有空間の理解に向けて

郡　敏昭 著

内田老鶴圃

まえがき

この本は，線形代数の手法を学習するためのテキストである．また，ひととおりベクトル空間を学習し終えているのに，線形代数のいろいろな概念がどのような関係にあるかがわかりにくいと思っている人たちのための線形代数の構図の案内書でもある．幾何学，トポロジーや代数学においていくつもの現代数学的方法を導入し発展させた Raoul Bott が「数学の 80%は線形代数である」と言っている．このことからも推測されるように，数学の多くの定理の証明，さらに理論の展開において，線形代数の知識や推論形式がいたるところで（多くの場合とくに明示されないまま）使われており，線形代数の構造は現代数学の基礎の広範囲にわたって横たわっている．大学初年度の線形代数の学習には，連立 1 次方程式の解法や固有値・固有ベクトルの求め方，対称行列の対角化くらいまでは入っているが，その骨格となる線形空間や線形写像の構造についてはそれほど意識されてないと思う．交代行列の対角化や，さらには行列のジョルダン標準形になると，教わらないまま終えてしまうのではないだろうか. また，線形空間の双対空間 (dual space) は数学の広い分野にわたり登場する重要な概念だが，その重要性にもかかわらず線形代数としてでなく関数解析の教程で教えられることが多い．このテキストで，このような線形代数の構造とその運用・取り扱いを系統的に解説する．

一般に数学では,「（考える）対象の全体」と「ひとつの対象から別の対象への対応」が与えられるとき，それにともなうすべての仕事をしなければならない．すべての仕事とは，(i) 二つの対象が同じことの定義，(ii) 対象の部分対象，(iii) 写像の像となる対象，核となる対象，(iv) いくつかの対象の直積，直和，(v) 対象の同値関係による商，$\cdots$ (vi) 対象を定める基本的な量の発見，$\cdots$ (vii) これら対象の分類 $\cdots$.「対象」と「対象の間の写像」が定めるひとつの構造において，これらの仕事がおおまかに仕上がると，そのつぎにこの構造と別の構造との間にどんな関係があるかを述べることが仕事になる．“ベクトル空間という対象” と “線形写像という対象間の写像” が与えられたとき，この仕事をするのが線形代数である．ベクトル空間は，その**次元**という基本的な量により決定される．すなわち，次元が等しい二つのベクトル空間は“同じ”ベクトル空間である．次元を定めている限り一つのベクトル空間しかないので，研究の対象となる性質はそれほど多くないと思うかもしれないが，歴史的，論理的ともに，たいへん豊富な内容がそこにはある．たとえば,〈行列の標準形を求めること〉は最初の仕事表で言えば，(v) 対象の同値関係による商，(vi) 対象を定める基本的な量の発見，(vii) これら対象の分類，に相当する．このテキストでは，行列の標準形を求め，その意味を考えることや，各行列に固有の性質を表現している固有値，固有ベクトルについてかなり詳しく学習する．線形代数の構造を「内積空間と　内積を変えない写像」に制限して述べると「内積を持ったベクトル空間」の構造が登場する．また，線形代数の構造と「位相空間と連続写像」の構造とを合成すれば，線形位相空間が対象となる．

I 章では,「（実）線形空間と線形写像の構造」で成り立つ諸命題を学習する．ベクトル空間の基底，ベクトルの座標表示，座標変換とそれを表す行列，などを解説する．

II 章では,「線形空間と線形写像の構造」に「（実）内積空間の構造」を加えて成り立つ諸命題を解説する．内積を変えない座標変換（直行変換）や内積に関して対称な写像が大切なことを学ぶ．

II 章の後半から III 章，IV 章とにかけて，行列の標準形について解説する．与えられた行列を座標変換によりなるべくわかりやすい行列，例えば対角行列に変形すること，それほど簡単な形にならないときはどの程度までを標準形と見るか，を考える．この過程で線形代数の核心となるいくつもの概念を学ぶことになる．

IV 章では,〈（複素）線形空間と線形写像〉の構造で成り立つ諸命題を，

V 章では,〈（複素）線形空間と線形写像〉の構造 ＋〈エルミート内積空間〉の構造で成り立つ諸命題を，

それぞれ述べる．

テキストを読むときいろいろと数学の概念が出てくるが，その意味をわかるのは大変むつかしい．それらが単に思いつきで登場するのでなく，理論を展開する上で大切な道具になると納得できるように解説を試みた．この講義の流れ

に沿って問（やさしいものしかない）を全部解いていけば線形代数がよく理解できる．各節の主張が何かを意識すること（各節の表題となる熟語をきちんと読むこと）が大切である．

このテキストを読む読者は，集合と写像についての基礎的な知識をすでに持っているものとした．日常用語としてでなく数学の基礎としての集合と写像の理論は数学を論理的に学び理解するためには欠かせない．例えば，

森田茂之：集合と位相空間，講座 数学の考え方 8，朝倉書店 (2002)

等で学習していただきたい．

また，このテキストで述べられている命題で証明を省略したものがある．それらについては，

佐武一郎：線型代数学，数学選書 1，裳華房 (1973)

の対応した箇所を記しておいた．

2016 年 5 月

郡　敏昭

目　次

Chapter 4
行列の標準形 II

Chapter 5
複素ベクトル空間の計量，エルミート行列，ユニタリ行列

Chapter 1

線形空間と線形写像

1.1 ベクトル空間と線形写像

空間に二つの点 P と Q を取ると P から Q への**方向**が決まり，また P と Q の間の**長さ**が決まる．これをベクトル $\overrightarrow{\mathrm{PQ}}$ と呼ぶことはすでに学んだことと思う．この空間の**原点** O を定めて矢の根本 P を原点 O に持っていくと，ベクトル $\overrightarrow{\mathrm{PQ}}$ は O から出る矢 (vector) で表される．一本の矢が飛んでいくとき矢の方向は 始めは上方を向いているが最も高い点に達するときは水平方向を向き，それから下方へと向く．各々の時刻に矢がどこにあるかは考えずに向きだけ見ると一つのベクトル（矢）になる．すなわち，あちこちにある矢の根本を原点 O に移動して，同じ方向，同じ長さのベクトルのすべてを O から出る一つの矢（ベクトル）で代表させて眺めるのである．

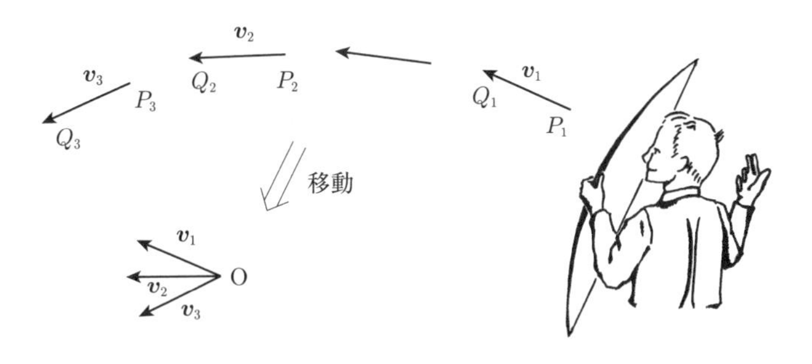

図 1.1

このようにしてできるベクトル全部の集まりを考えよう．このうちの一つのベクトル $\overrightarrow{\mathrm{OA}}$ の長さを 2 倍にすると別のベクトル $\overrightarrow{\mathrm{OB}} = 2\overrightarrow{\mathrm{OA}}$ が得られる．また，OA を回転させると別の方向を向いたベクトル OP が得られる．

また，二つのベクトル $\overrightarrow{\mathrm{OA}}$ と $\overrightarrow{\mathrm{OB}}$ を取るとき，ベクトル $\overrightarrow{\mathrm{OA}}$ の先の点 A に $\overrightarrow{\mathrm{OB}}$ の根元を持ってきて継ぎ足すと，その先端の点 C によりベクトル $\overrightarrow{\mathrm{OC}}$ が定

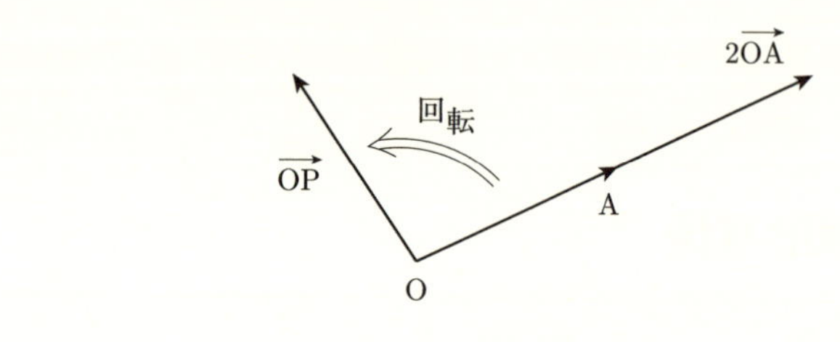

図 1.2

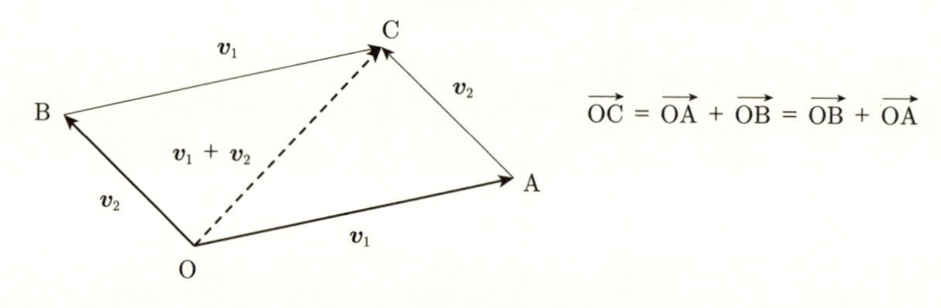

図 1.3

まる．ベクトル $\overrightarrow{OC}$ をベクトル $\overrightarrow{OA}$ とベクトル $\overrightarrow{OB}$ の “和”

$$\overrightarrow{OC} = \overrightarrow{OA} + \overrightarrow{OB}$$

ということも知っていると思う．このように “ベクトルの取り扱い” の方法を**数学の対象**としてきちんと定めたものを**ベクトル空間**という．

実数の全体 $\mathbf{R}$:

$A \in \mathbf{R}$ を実数とすると原点 O から A への矢 $\overrightarrow{OA}$ が定まり，二つの実数 $A, B \in \mathbf{R}$ に対して A から B への矢 $\overrightarrow{AB}$ が定まる．矢 $\overrightarrow{AB}$ は原点 O から $C = (B - A)$ への矢 $\overrightarrow{OC}$ と同じ矢であることがわかるだろう．$\mathbf{R}$ がベクトル空間になることがわかる．

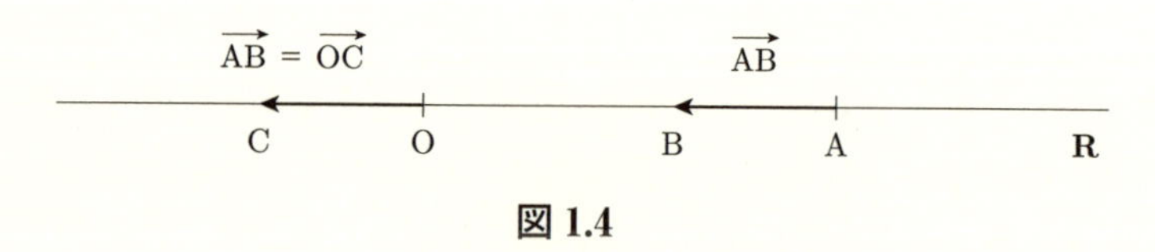

図 1.4

[考察]

数学では「このようなものの全体のつくる空間」という表現をよくする．ベクトルの場合だと，「このような矢の全体をベクトル空間（矢の空間）という」というように．このとき，あちこちを飛ぶ矢を考えるのだが矢の飛んでいないところ（隙間）のことが気になる人もいるだろう．別の例で言うと“速度ベクトルの全体”というとき走る車の軌跡に沿ってその速度を思えばいいのだが車の軌跡が通らない点では？　と気になるのではないだろうか．しかし**全体**というとき，実現されている対象（いまの場合，矢の飛んでいく方向や走っている車の速度）だけでなく，実現されるかもしれないもの（実現可能性があるもの）も同時に考えるのである．だからどの点もその点を通過する車の軌跡の上にあり，したがってその点での速度ベクトルがある．ベクトル空間（にかぎらず数学的対象）の「わかりにくさ」は このように**蓋然性も考える**ところにあるように思う．図形的イメージで考えすぎず**論理のみを追って**対象を理解することが大切である．

1 章の問の答えを全部きちんと書いてみるのがよいと思う．それにより，ベクトル空間がわかるようになるだけでなく，数学の論証のしかたが身についてくるだろう．すると 1 章からあとの論理を追っていくことがやさしくなり寝ころんで読んでも理解できるようになる．

1.1.1 ベクトル空間

集合 V と V 上の演算，

$$V \times V \stackrel{+}{\longmapsto} V \tag{1.1}$$

$$\mathbf{R} \times V \stackrel{\cdot}{\longmapsto} V \tag{1.2}$$

が与えられたとする．

次の条件 1, 2 が満たされるとき $(V\,;+,\cdot)$ を**ベクトル空間**という：

1.　演算 $+$

$$V \times V \ni (\mathbf{u},\mathbf{v}) \longmapsto \mathbf{u}+\mathbf{v} \in V \tag{1.3}$$

は次の 4 条件を満たす：

(i)

$$(\mathbf{u}+\mathbf{v})+\mathbf{w} = \mathbf{u}+(\mathbf{v}+\mathbf{w})$$

(ii)

$$\mathbf{u} + \mathbf{v} = \mathbf{v} + \mathbf{u}$$

(iii)　あるベクトル $\mathbf{0} \in V$ が存在して，

$$\mathbf{0} + \mathbf{v} = \mathbf{v}, \quad \forall \mathbf{v} \in V$$

が成り立つ．

(iv)　$\forall \mathbf{v} \in V$ に対して $\mathbf{v} + (-\mathbf{v}) = \mathbf{0}$ を満たす $(-\mathbf{v}) \in V$ がある

2.　演算 $\cdot$

$$\mathbf{R} \times V \ni (a, \mathbf{v}) \longmapsto a \cdot \mathbf{v} \in V \tag{1.4}$$

は次の4条件を満たす：

(i)

$$(ab) \cdot \mathbf{v} = a \cdot (b \cdot \mathbf{v})$$

(ii)

$$1 \cdot \mathbf{v} = \mathbf{v}, \qquad 0 \cdot \mathbf{v} = \mathbf{0}$$

(iii)

$$c \cdot (\mathbf{u} + \mathbf{v}) = c \cdot \mathbf{u} + c \cdot \mathbf{v}$$

(iv)

$$(a + b) \cdot \mathbf{v} = a \cdot \mathbf{v} + b \cdot \mathbf{v}$$

● **あたりまえすぎる注意**．1. の演算 $+$ はいくつかのベクトルの加法と減法と，ゼロベクトル（原点から原点への長さ0の矢）について述べており，2. の演算はベクトルに数を掛けるときの規則について述べている．

これらを読むと，ベクトル空間は空間についてのあたりまえのことしか述べてないように見えるが，私たちの認識を明確にするためにはこのようにきちんと述べておかねばならない．自分のまわりの空間はどのようなものだろうか．前後，左右，上下になんとなく広がっている空間をイメージするだろうが，たとえば，立っている場所を原点として，上下，左右，前後に100キロメートルの箱はベクトル空間だろうか？　ベクトル $\mathbf{v}$ として1mの矢をとると，条件(1.4)よりその方向に200000倍伸ばした長い矢（ベクトル）もこの箱に入っていなくてはならない．しかしこのベクトルは箱から飛び出しているので，このような箱はベクトル空間になっていない．

問. ゼロベクトルは ただ一つしかない（一意的に定まる）ことを証明せよ．

答. $\mathbf{0}$ と $\mathbf{0}'$ が演算 $+$ の条件 1–(iii) を満たすとすると，

$$\mathbf{0}+\mathbf{0}'=\mathbf{0}', \qquad \mathbf{0}'+\mathbf{0}=\mathbf{0}$$

これらの左辺は条件 1–(ii) より等しいから，右辺も等しく $\mathbf{0}'=\mathbf{0}$ となる．

1.1.2 線形写像

集合と写像については知っているものと思う．集合 M の任意の元 $m\in M$ に集合 N の一つの元を対応させる対応を**写像**という．この写像を

$$f\,:\,M\longmapsto N \tag{1.5}$$

と書くと，M の任意の元 $m\in M$ に対して m を f で写した N の元 $f(m)\in N$ が定まる．

m と別の元 $m'\in M$ に対して N の同じ元が対応してもよい：$f(m)=f(m')$．また N の元 n で M のどの元にも対応していないものがあってもよい．

M のすべての元を写像 f で写した N の部分集合 $f(M)$ を f の**像**という：

$$f(M)=\{f(m)\in N;\quad m\in M\}.$$

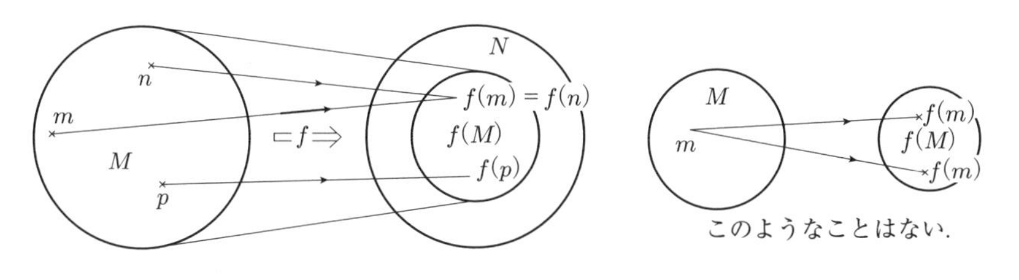

図 1.5

N の部分集合 $G\subset N$ に対して写像 f で G に写されるような M の元全体を $f^{-1}(G)$ と書く：

$$f^{-1}(G)=\{\,m\in M;\quad f(m)\in G\}.$$

$f^{-1}(G)$ を f による G の**逆像**という．

写像 $f : X \longmapsto Y$ と写像 $g : Y \longmapsto Z$ の合成写像は，写像の合成 $(g \circ f)(x) = g(f(x)),\ x \in X$ で定義される.

これから学ぶ**線形写像**はベクトル空間の間の対応（変換）を与える特別な写像である.

ベクトル空間 V_1 と V_2 の間の写像

$$f : V_1 \longmapsto V_2$$

が**線形写像**であるとは，$\forall a, b \in \mathbf{R}$, $\forall \mathbf{u}, \mathbf{v} \in V_1$ に対して

$$f(a \cdot \mathbf{u} + b \cdot \mathbf{v}) = a \cdot f(\mathbf{u}) + b \cdot f(\mathbf{v}) \tag{1.6}$$

が満たされること.

ここで左辺の $+$ と $\cdot$ は V_1 での演算，右辺の $+$ と $\cdot$ は V_2 の演算であることに注意. すなわち $a \cdot \mathbf{u} + b \cdot \mathbf{v}$ は V_1 のベクトルで，$a \cdot f(\mathbf{u}) + b \cdot f(\mathbf{v})$ は V_2 のベクトルである.

1.1.3　線形同型

二つのベクトル空間 V_1 と V_2 が**同型**（**線形同型**）であるとは V_1 と V_2 の間の線形写像 $f : V_1 \longmapsto V_2$ で1対1なものが存在することである.

二つのベクトル空間 V_1 と V_2 が同型（線形同型）であることを

$$V_1 \simeq V_2 \tag{1.7}$$

と書く.

線形同型については1.3節の後で考えた方がわかりやすい.

1.2　ベクトル空間の次元

この節はなかなか難しいと思うが安易なイメージで考えずにきちんと論証を追っていけばわかるし，それによって**基底**や**次元**という基本的な概念も理解できるようになる. **線形独立**や**基底**を理解できれば その後に続くことはほとんど形式的な推論でわかるようになるので，この節をきちんと理解してほしい.

1.2.1 基底

定義 1.

ベクトル空間 V のベクトル $\mathbf{v}_1, \mathbf{v}_2, \cdots \mathbf{v}_m$ が **1 次独立** (**線形独立**) であるとは，次の条件が満たされることである：

- m 個の実数 $c_1, \cdots, c_m \in \mathbf{R}$ に対して

$$c_1\mathbf{v}_1 + c_2\mathbf{v}_2 + \cdots c_m\mathbf{v}_m = \mathbf{0}$$

が成り立っているなら

$$c_1 = c_2 = \cdots = c_m = 0$$

である.

ベクトル $\mathbf{w}$ が，ベクトル $\mathbf{v}_1, \mathbf{v}_2, \cdots \mathbf{v}_m$ と実数 $c_1, \cdots, c_m \in \mathbf{R}$ により

$$\mathbf{w} = c_1\mathbf{v}_1 + c_2\mathbf{v}_2 + \cdots c_m\mathbf{v}_m$$

と表されており，$c_1, \cdots, c_m$ のどれかは 0 でないとき，$\mathbf{w}$ は $\mathbf{v}_1, \mathbf{v}_2, \cdots \mathbf{v}_m$, に **1 次従属**であるという.

問. $\mathbf{v}_1, \mathbf{v}_2, \cdots \mathbf{v}_m$ が 1 次独立ならばベクトル $\mathbf{v}_m$ はベクトル $\mathbf{v}_1, \mathbf{v}_2, \cdots \mathbf{v}_{m-1}$ に 1 次従属とならないことを示せ.

問. ベクトル $\mathbf{w}$ がベクトル $\mathbf{u}, \mathbf{v}$ に 1 次従属で，$\mathbf{w}$ と $\mathbf{v}$ が 1 次独立なら，$\mathbf{u}$ は $\mathbf{v}, \mathbf{w}$ に 1 次従属となることを示せ.

定義 2.

ベクトルの集まり

$$\{\mathbf{v}_1, \mathbf{v}_2, \cdots, \mathbf{v}_s\}$$

が V の**基底**であるとは，次の 2 条件が成り立つこと：

1.

$$\mathbf{v}_1, \mathbf{v}_2, \cdots, \mathbf{v}_s$$

は 1 次独立である.

2. $V \ni \forall\mathbf{v}$ は $a_1, a_2, \cdots, a_s \in \mathbf{R}$ により

$$\mathbf{v} = a_1\mathbf{v}_1 + a_2\mathbf{v}_2 + \cdots a_s\mathbf{v}_s$$

と書ける.

問. ベクトル $\mathbf{v} \in V$ を基底 $\{\mathbf{v}_1, \mathbf{v}_2, \cdots, \mathbf{v}_s\}$ により

$$\mathbf{v} = a_1\mathbf{v}_1 + a_2\mathbf{v}_2 + \cdots a_s\mathbf{v}_s$$

と書くとき，s 個の数 $a_1, a_2, \cdots, a_s \in \mathbf{R}$ は $\mathbf{v}$ に対して一意的に定まることを証明せよ.

定義 3.

V の**基底**となる s 個のベクトル $\mathbf{v}_1, \mathbf{v}_2, \cdots, \mathbf{v}_s$ が存在するとき s を V の**次元**と呼び，$s = \dim V$ と書く.

$\dim V$ が基底の種々の取り方によらず定義される（well defined である）ことが次の命題よりわかる.

命題 4.

$\{\mathbf{v}_1, \mathbf{v}_2, \cdots, \mathbf{v}_r\}$ と $\{\mathbf{w}_1, \mathbf{w}_2, \cdots, \mathbf{w}_s\}$ がともに 1 次独立なベクトルの集まりで，

1. $\forall \mathbf{w}_j$ は $a_1, a_2, \cdots, a_r \in \mathbf{R}$ により

$$\mathbf{w}_j = a_1\mathbf{v}_1 + a_2\mathbf{v}_2 + \cdots a_r\mathbf{v}_r$$

と書ける.

2. $\forall \mathbf{v}_k$ は $b_1, b_2, \cdots, b_s \in \mathbf{R}$ により

$$\mathbf{v}_k = b_1\mathbf{w}_1 + b_2\mathbf{w}_2 + \cdots b_s\mathbf{w}_s$$

と書ける.

の 2 条件が満たされているとする．このとき $r = s$ である.

1 章，2 章ではこの証明が一番難しい．これを越すとしばらくすらすら進む．証明は ♣, ♢, ♡ と段階に分けてやさしく説明してあるのでよく理解するように.

♣

二つの 1 次独立なベクトルの集まり $\{\mathbf{v}_1, \mathbf{v}_2, \cdots, \mathbf{v}_r\}$ と $\{\mathbf{w}_1, \mathbf{w}_2, \cdots, \mathbf{w}_s\}$ が上の 2 条件を満足するとき

$$\{\mathbf{v}_1, \mathbf{v}_2, \cdots, \mathbf{v}_r\} \sim \{\mathbf{w}_1, \mathbf{w}_2, \cdots, \mathbf{w}_s\}$$

と書く.

$\sim$ は同値関係を定める．すなわち次の 3 条件が満たされる：

1.

$$\{\mathbf{v}_1, \mathbf{v}_2, \cdots, \mathbf{v}_r\} \sim \{\mathbf{v}_1, \mathbf{v}_2, \cdots, \mathbf{v}_r\}.$$

2.

$$\{\mathbf{u}_1, \mathbf{u}_2, \cdots, \mathbf{u}_p\} \sim \{\mathbf{v}_1, \mathbf{v}_2, \cdots, \mathbf{v}_r\} \text{ならば}$$
$$\{\mathbf{v}_1, \mathbf{v}_2, \cdots, \mathbf{v}_r\} \sim \{\mathbf{u}_1, \mathbf{u}_2, \cdots, \mathbf{u}_p\}.$$

3.

$\{\mathbf{u}_1, \mathbf{u}_2, \cdots, \mathbf{u}_p\} \sim \{\mathbf{v}_1, \mathbf{v}_2, \cdots, \mathbf{v}_r\}$ および
$\{\mathbf{v}_1, \mathbf{v}_2, \cdots, \mathbf{v}_r\} \sim \{\mathbf{w}_1, \mathbf{w}_2, \cdots, \mathbf{w}_s\}$ が成り立つならば
$\{\mathbf{u}_1, \mathbf{u}_2, \cdots, \mathbf{u}_p\} \sim \{\mathbf{w}_1, \mathbf{w}_2, \cdots, \mathbf{w}_s\}$.

問. これを証明せよ.

$\diamondsuit$

$$\{\mathbf{v}_1, \mathbf{v}_2, \cdots, \mathbf{v}_r\} \sim \{\mathbf{w}_1, \mathbf{w}_2, \cdots, \mathbf{w}_s\}$$

ならば $1 \leq p \leq r$ なる任意の p に対して，$1 \leq q \leq s$ なるある番号 q を取り，

$$\{\mathbf{v}_1, \mathbf{v}_2, \cdots, \mathbf{v}_{p-1}, \mathbf{v}_{p+1}, \cdots, \mathbf{v}_r, \mathbf{w}_q\} \sim \{\mathbf{w}_1, \mathbf{w}_2, \cdots, \mathbf{w}_s\}$$

が成り立つようにできる.

この主張 $\diamondsuit$ を証明しよう．ゆっくり推論を追ってほしい．まず

$$\{\mathbf{v}_1, \mathbf{v}_2, \cdots, \mathbf{v}_{p-1}, \mathbf{v}_{p+1}, \cdots, \mathbf{v}_r\} \sim \{\mathbf{w}_1, \mathbf{w}_2, \cdots, \mathbf{w}_s\}$$

とならないことに注意しよう．なぜなら，もしこうなっていれば $\mathbf{v}_p$ が $\{\mathbf{w}_1, \mathbf{w}_2, \cdots, \mathbf{w}_s\}$ の 1 次結合で書け，各 $\mathbf{w}_j$ が $\{\mathbf{v}_1, \mathbf{v}_2, \cdots, \mathbf{v}_{p-1}, \mathbf{v}_{p+1}, \cdots, \mathbf{v}_r\}$ の 1 次結合で書けるので，$\mathbf{v}_p$ が $\{\mathbf{v}_1, \mathbf{v}_2, \cdots, \mathbf{v}_{p-1}, \mathbf{v}_{p+1}, \cdots, \mathbf{v}_r\}$ の 1 次結合で書けることになる．これは $\{\mathbf{v}_1, \mathbf{v}_2, \cdots, \mathbf{v}_r\}$ が 1 次独立であることと矛盾．したがって $\{\mathbf{w}_1, \mathbf{w}_2, \cdots, \mathbf{w}_s\}$ の中には $\{\mathbf{v}_1, \mathbf{v}_2, \cdots, \mathbf{v}_{p-1}, \mathbf{v}_{p+1}, \cdots, \mathbf{v}_r\}$ の 1 次結合で書けない $\mathbf{w}_q$, $1 \leq q \leq s$ が必ずある.

補題 5.

$\mathbf{v}_1, \mathbf{v}_2, \cdots, \mathbf{v}_r$ が 1 次独立で $\mathbf{v}_1, \mathbf{v}_2, \cdots, \mathbf{v}_r, \mathbf{v}_{r+1}$ が 1 次独立でないならば，$\mathbf{v}_{r+1}$ は $\mathbf{v}_1, \mathbf{v}_2, \cdots, \mathbf{v}_r$ の 1 次結合として表すことができる.

問.　この補題 5 を証明せよ（やさしい）.

補題 6.

$\mathbf{v}_1, \mathbf{v}_2, \cdots, \mathbf{v}_r$ が 1 次独立で，$\mathbf{v}_{r+1}$ が $\mathbf{v}_1, \mathbf{v}_2, \cdots, \mathbf{v}_r$ の 1 次結合として表すことができないならば，$\mathbf{v}_1, \mathbf{v}_2, \cdots, \mathbf{v}_r, \mathbf{v}_{r+1}$ も 1 次独立である.

これは補題 5 の対偶である．補題 6 より上で得た $\{\mathbf{v}_1, \mathbf{v}_2, \cdots, \mathbf{v}_{p-1}, \mathbf{v}_{p+1}, \cdots, \mathbf{v}_r, \mathbf{w}_q\}$ は 1 次独立になることがわかった．一方，$\mathbf{w}_q$ の選び方より $\mathbf{w}_q$ は $\{\mathbf{v}_1, \mathbf{v}_2, \cdots, \mathbf{v}_{p-1}, \mathbf{v}_{p+1}, \cdots, \mathbf{v}_r\}$ の 1 次結合で書けないし，また仮定より $\mathbf{v}_1, \mathbf{v}_2, \cdots, \mathbf{v}_r$ の 1 次結合で書ける．すなわち

$$\mathbf{w}_q = c_1\mathbf{v}_1 + \cdots c_p\mathbf{v}_p + \cdots c_r\mathbf{v}_r$$

と書くとき $c_p \neq 0$ となる．ゆえに

$$\mathbf{v}_p = -\frac{c_1}{c_p}\mathbf{v}_1 - \cdots - \frac{c_{p-1}}{c_p}\mathbf{v}_{p-1} - \frac{c_{p+1}}{c_p}\mathbf{v}_{p+1} - \cdots - \frac{c_r}{c_p}\mathbf{v}_r + \frac{1}{c_p}\mathbf{w}_q\,.$$

すなわち $\mathbf{v}_p$ は $\{\mathbf{v}_1, \mathbf{v}_2, \cdots, \mathbf{v}_{p-1}, \mathbf{v}_{p+1}, \cdots, \mathbf{v}_r, \mathbf{w}_q\}$ の 1 次結合で書けることがわかった．こうして

$$\{\mathbf{v}_1, \mathbf{v}_2, \cdots, \mathbf{v}_r\} \sim \{\mathbf{v}_1, \mathbf{v}_2, \cdots, \mathbf{v}_{p-1}, \mathbf{v}_{p+1}, \cdots, \mathbf{v}_r, \mathbf{w}_q\}$$

がわかった．一方，仮定より

$$\{\mathbf{v}_1, \mathbf{v}_2, \cdots, \mathbf{v}_r\} \sim \{\mathbf{w}_1, \mathbf{w}_2, \cdots, \mathbf{w}_s\}$$

だから，◇ の主張

$$\{\mathbf{v}_1, \mathbf{v}_2, \cdots, \mathbf{v}_{p-1}, \mathbf{v}_{p+1}, \cdots, \mathbf{v}_r, \mathbf{w}_q\} \sim \{\mathbf{w}_1, \mathbf{w}_2, \cdots, \mathbf{w}_s\}$$

が示せた.

♡

◇ をくりかえして，$\mathbf{v}_i,\, i = 1, 2, \cdots, r$ を順に

$$\mathbf{w}_{q_1}, \mathbf{w}_{q_2}, \cdots, \mathbf{w}_{q_r}$$

で置き換えると

$$\mathbf{w}_{q_1}, \mathbf{w}_{q_2}, \cdots, \mathbf{w}_{q_r}$$

は 1 次独立だったから，どの二つも等しくない．また作り方より

$$\{\mathbf{w}_{q_1}, \mathbf{w}_{q_2}, \cdots, \mathbf{w}_{q_r}\} \sim \{\mathbf{w}_1, \mathbf{w}_2, \cdots, \mathbf{w}_s\}.$$

$\sim$ の意味から，任意の $\mathbf{w}_k,\ 1 \le k \le s$ が $\mathbf{w}_{q_1}, \mathbf{w}_{q_2}, \cdots, \mathbf{w}_{q_r}$ の 1 次結合で書けて，また $\mathbf{w}_1, \mathbf{w}_2, \cdots, \mathbf{w}_s$ が 1 次独立だから，集合として

$$\{\mathbf{w}_{q_1}, \mathbf{w}_{q_2}, \cdots, \mathbf{w}_{q_r}\} \equiv \{\mathbf{w}_1, \mathbf{w}_2, \cdots, \mathbf{w}_s\}.$$

左辺は右辺の s 個の中から r 個取ったのだから

$$s = r.$$

命題 4 証明終.

この命題より，V の基底の選び方はいろいろあるが，その個数は考えているベクトル空間により一定に定まる，それが V の空間の次元である.

1.2.2 数ベクトル空間

m 個の数の組の全体 $\mathbf{R}^m$ は演算

$$\begin{pmatrix} a_1 \\ a_2 \\ \vdots \\ a_m \end{pmatrix} + \begin{pmatrix} b_1 \\ b_2 \\ \vdots \\ b_m \end{pmatrix} = \begin{pmatrix} a_1 + b_1 \\ a_2 + b_2 \\ \vdots \\ a_m + b_m \end{pmatrix}$$

$$c \cdot \begin{pmatrix} a_1 \\ a_2 \\ \vdots \\ a_m \end{pmatrix} = \begin{pmatrix} c\,a_1 \\ c\,a_2 \\ \vdots \\ c\,a_m \end{pmatrix}$$

によりベクトル空間になる.

m 個のベクトル

$$\begin{pmatrix} 1 \\ 0 \\ \vdots \\ 0 \end{pmatrix}, \begin{pmatrix} 0 \\ 1 \\ \vdots \\ 0 \end{pmatrix}, \cdots, \begin{pmatrix} 0 \\ 0 \\ \vdots \\ 1 \end{pmatrix}$$

が基底となる（確かめよ）．ゆえに

$$\dim \mathbf{R}^m = m.$$

1.3 座　　標

V をベクトル空間とする．V の基底

$$\mathbf{e}_1, \mathbf{e}_2, \cdots, \mathbf{e}_r,$$

を取る．すると，任意のベクトル $\mathbf{v}$ は

$$\mathbf{v} = v_1\mathbf{e}_1 + v_2\mathbf{e}_2 + \cdots + v_r\mathbf{e}_r$$

と書けるので r 個の数の組

$$v_1, v_2, \cdots, v_r$$

が対応する．これを $\mathbf{v}$ の**座標**という．

ベクトル $\mathbf{v}$ にその座標のつくる m 次元ベクトル $\begin{pmatrix} v_1 \\ v_2 \\ \vdots \\ v_m \end{pmatrix}$ を対応させることにより写像

$$\epsilon : \quad V \ni \mathbf{v} \longmapsto \begin{pmatrix} v_1 \\ v_2 \\ \vdots \\ v_m \end{pmatrix} \in \mathbf{R}^m \tag{1.8}$$

が決まる．

問.

1. ϵ は線形写像となることを示せ．

2.

$$\epsilon : \quad V \longmapsto \mathbf{R}^m$$

は線形同型であることを証明せよ．

定理 7.

二つのベクトル空間 V と W の次元 $\dim V$ と $\dim W$ が等しければ，V と W は線形同型となる．

証明. $m = \dim V$ とすると V の基底 $\{\mathbf{v}_1, \mathbf{v}_2, \cdots, \mathbf{v}_m\}$ が取れる．また $m = \dim W$ だから，W の基底 $\{\mathbf{w}_1, \mathbf{w}_2, \cdots, \mathbf{w}_m\}$ がある．このとき V の任意のベクトル $\mathbf{v}$ は，m 個の実数 $a_1, a_2, \cdots, a_m$ により

$$\mathbf{v} = a_1\mathbf{v}_1 + a_2\mathbf{v}_2 + \cdots a_m\mathbf{v}_m$$

と書ける．同じく W の任意のベクトル $\mathbf{w}$ は，m 個の実数 $b_1, b_2, \cdots, b_m$ により

$$\mathbf{w} = b_1\mathbf{w}_1 + b_2\mathbf{w}_2 + \cdots b_n\mathbf{w}_m$$

と書ける．V から W への写像

$$f : V \longmapsto W$$

を

$$\mathbf{v} = a_1\mathbf{v}_1 + a_2\mathbf{v}_2 + \cdots a_m\mathbf{v}_m \in V$$

に

$$f(\mathbf{v}) = a_1\mathbf{w}_1 + a_2\mathbf{w}_2 + \cdots a_m\mathbf{w}_m$$

を対応させる写像として定義する．写像 f が 1 対 1 で，V から W への上への写像であることはすぐわかる．

$$\mathbf{v} = a_1\mathbf{v}_1 + a_2\mathbf{v}_2 + \cdots a_m\mathbf{v}_m\,, \quad \mathbf{v}' = a'_1\mathbf{v}_1 + a'_2\mathbf{v}_2 + \cdots a'_m\mathbf{v}_m$$

と実数 c, d に対して

$$\begin{aligned}
&f(c\mathbf{v} + d\mathbf{v}') \\
&\quad = f\left((ca_1 + da'_1)\mathbf{v}_1 + (ca_2 + da'_2)\mathbf{v}_2 + \cdots + (ca_m + da'_m)\mathbf{v}_m \right) \\
&\quad = (ca_1 + da'_1)\mathbf{w}_1 + (ca_2 + da'_2)\mathbf{w}_2 + \cdots + (ca_m + da'_m)\mathbf{w}_m \\
&\quad = c(a_1\mathbf{w}_1 + a_2\mathbf{w}_2 + \cdots + a_m\mathbf{w}_m) + d(a'_1\mathbf{w}_1 + a'_2\mathbf{w}_2 + \cdots + a'_m\mathbf{w}_m) \\
&\quad = cf(\mathbf{v}) + df(\mathbf{v}').
\end{aligned}$$

ゆえに f は線形写像である．したがって $V \overset{f}{\longmapsto} W$ は線形同型． □

1.4 ベクトル空間の部分空間

1.4.1 部分空間の基底

V をベクトル空間とする．また $\dim V = n$ とする．このとき，V の部分集合 $W \subset V$ が V の (ベクトル) **部分空間**であるとは次の 2 条件が満たされることである：

1. $\mathbf{v}, \mathbf{u} \in W$ ならば $\mathbf{u} + \mathbf{v} \in W$.

2. $\mathbf{v} \in W$, $a \in \mathbf{R}$ に対して $a\mathbf{v} \in W$.

● **親切な説明**：

まず $\mathbf{v}, \mathbf{u} \in W \subset V$ より $\mathbf{v}, \mathbf{u}$ は V の二つのベクトルである．したがってその V での和となるベクトル $\mathbf{u} + \mathbf{v} \in V$ が定まる．これが さらに W に入っている，$\mathbf{u} + \mathbf{v} \in W$ という要請がこの条件 1 である．同じく V でのスカラー積 $a\mathbf{v} \in V$ が定まるが，それがさらに W に属する，$a\mathbf{v} \in W$ というのが要請 2 である．

次の問にきちんと答えることが，ベクトル空間を理解する最初の一歩になる．

問. 部分ベクトル空間は，それ自身 ベクトル空間であることを証明せよ．[ベクトル空間の条件 1. (i)〜(iv), 2. (i)〜(iv) が満たされることをきちんと書け．例えば，ベクトル空間 V の部分空間 W に対し，部分空間 W の $\mathbf{0}$ ベクトル:

$$\mathbf{0} \in W, \qquad \mathbf{0} + \mathbf{w} = \mathbf{w}, \quad \forall \mathbf{w} \in W,$$

はどのように定めるか.]

問. $1 \leq k \leq m$ なる数に対して $\mathbf{R}^k$ は $\mathbf{R}^m$ の k 次元部分ベクトル空間と線形同型になることを示せ.

答. $\mathbf{R}^m$ の基底を

$$\mathbf{e}_i = (i) \begin{pmatrix} 0 \\ \vdots \\ 1 \\ \vdots \\ 0 \end{pmatrix}$$

と取る（1.2.2 節）．ここで上から i 番目に 1 があり他は 0．すなわち，$\mathbf{e}_i$ は上から i 番目が 1 で残りの成分が 0 であるようなベクトルである．任意の $\mathbf{v} \in \mathbf{R}^m$ は

$$\mathbf{v} = v_1\mathbf{e}_1 + v_2\mathbf{e}_2 + \cdots + v_m\mathbf{e}_m = \begin{pmatrix} v_1 \\ v_2 \\ \vdots \\ v_m \end{pmatrix}$$

と書けた.

この中で

$$v_1\mathbf{e}_1 + v_2\mathbf{e}_2 + \cdots + v_k\mathbf{e}_k = \begin{pmatrix} v_1 \\ v_2 \\ \vdots \\ v_k \\ 0 \\ \vdots \\ 0 \end{pmatrix}$$

なる形のベクトルを考え，そのようなベクトルの全体を W^k とする．W^k は k 次元ベクトル空間になる（確かめよ）．また数ベクトル空間 $\mathbf{R}^k$ はベクトル空間 W^k と線形同型となることがわかる．実際

$$\mathbf{R}^k \ni \mathbf{v} = \begin{pmatrix} v_1 \\ v_2 \\ \vdots \\ v_k \end{pmatrix} \longmapsto \begin{pmatrix} v_1 \\ v_2 \\ \vdots \\ v_k \\ 0 \\ \vdots \\ 0 \end{pmatrix} \in \mathbf{R}^m$$

なる対応で定まる線形写像 $f : \mathbf{R}^k \longmapsto \mathbf{R}^m$ を考えればよい.

定理 8.

$\mathbf{v}_1, \mathbf{v}_2, \cdots, \mathbf{v}_k$ を n 次元ベクトル空間 V の k 個の 1 次独立なベクトルとする．このとき，さらに $n-k$ 個のベクトル $\mathbf{v}_{k+1}, \mathbf{v}_{k+2}, \cdots, \mathbf{v}_n$ を選び

$$\mathbf{v}_1,\ \mathbf{v}_2,\ \cdots,\ \mathbf{v}_k,\ \mathbf{v}_{k+1},\ \mathbf{v}_{k+2},\ \cdots,\ \mathbf{v}_n$$

が V の基底となるようにできる．

証明. $n = \dim V$ の定義より $k \leq n$. $n = k$ なら $n - k = 0$ 個のベクトルを選べばいいから証明を終わる．$k < n$ なら $\mathbf{v}_1, \mathbf{v}_2, \cdots, \mathbf{v}_k$ が V の基底とならないから，$\mathbf{v}_1, \mathbf{v}_2, \cdots, \mathbf{v}_k$ の 1 次結合で表されないベクトル $\mathbf{v}_{k+1}$ がある．$n = k + 1$ なら O.K. $n > k + 1$ なら $\cdots$. □

問. E をベクトル空間とする．V, W を E の二つの部分空間とするとき，$V \cap W$ は E のベクトル部分空間となることを証明せよ．

定義 9.

V, W を E の二つの部分空間とするとき，V と W の**和**を，

$$V + W = \{\mathbf{v} + \mathbf{w}\,;\, \mathbf{v} \in V.\quad \mathbf{w} \in W\}$$

で定義する．

問. $V + W$ が E の部分ベクトル空間となることを証明せよ．

問. $V + W$ は V と W を含む E のベクトル部分空間のなかで最小のものである．すなわち

1. $V + W$ は V と W を部分ベクトル空間として含む．
2. もし E のベクトル部分空間 U が V と W を含むならば，U は $V + W$ を部分ベクトル空間として含む．

問. W_1 は E の部分空間，W_2 は W_1 の部分空間とする．このとき $\dim W_2 \leq \dim W_1$ で，等号が成り立つのは $W_1 = W_2$ のときに限ることを証明せよ．

1.4.2　部分空間の次元，直和

定理 10.

E をベクトル空間，V_1, V_2 を E の部分空間とすると

$$\dim(V_1 + V_2) = \dim V_1 + \dim V_2 - \dim(V_1 \cap V_2) \tag{1.9}$$

証明. $\dim V_1 = r_1$, $\dim V_2 = r_2$, $\dim V_1 \cap V_2 = r_0$ と置く．r_0 は r_1 と r_2 の小さいほうの数 $\min(r_1, r_2)$ よりも小さい $r_0 \leq \min(r_1, r_2)$ である．$V_1 \cap V_2$

の一つの基底を $\mathbf{u}_1, \mathbf{u}_2, \cdots, \mathbf{u}_{r_0}$ とする．定理 8 より，$r_1 - r_0$ 個のベクトルを加えて

$$\mathbf{u}_1, \mathbf{u}_2, \cdots, \mathbf{u}_{r_0}, \quad \mathbf{v}_{r_0+1}, \mathbf{v}_{r_0+2}, \cdots, \mathbf{v}_{r_1}$$

が V_1 の基底となるようにする．また $r_2 - r_0$ 個のベクトルを加えて

$$\mathbf{u}_1, \mathbf{u}_2, \cdots, \mathbf{u}_{r_0}, \quad \mathbf{w}_{r_0+1}, \mathbf{w}_{r_0+2}, \cdots, \mathbf{w}_{r_2}$$

が V_2 の基底となるようにする．するとベクトル空間 $V_1 + V_2$ の $r_1 + r_2 - r_0$ 個のベクトル

$$\mathbf{u}_1, \mathbf{u}_2, \cdots, \mathbf{u}_{r_0}, \quad \mathbf{v}_{r_0+1}, \mathbf{v}_{r_0+2}, \cdots, \mathbf{v}_{r_1}, \quad \mathbf{w}_{r_0+1}, \mathbf{w}_{r_0+2}, \cdots, \mathbf{w}_{r_2}$$

が得られる．ベクトル空間 $V_1 + V_2$ の定義と，いまの基底の取り方より，任意の $\mathbf{x} \in V_1 + V_2$ はこれらのベクトルの 1 次結合で書ける．したがって，これらのベクトル

$$\mathbf{u}_1, \mathbf{u}_2, \cdots, \mathbf{u}_{r_0}, \quad \mathbf{v}_{r_0+1}, \mathbf{v}_{r_0+2}, \cdots, \mathbf{v}_{r_1}, \quad \mathbf{w}_{r_0+1}, \mathbf{w}_{r_0+2}, \cdots, \mathbf{w}_{r_2}$$

が 1 次独立であることを示せば，$\dim V_1 + V_2 = r_1 + r_2 - r_0$ が示される．それを示そう．$r_1 + r_2 - r_0$ 個の数

$$a_i\,;\, i = 1, \cdots, r_0, \quad b_j\,;\, j = r_0 + 1, \cdots, r_1, \quad c_k\,;\, k = r_1 + 1, \cdots, r_2$$

に対して

$$\begin{aligned} a_1\mathbf{u}_1 + a_2\mathbf{u}_2 + \cdots + a_{r_0}\mathbf{u}_{r_0} + b_{r_0+1}\mathbf{v}_{r_0+1} + b_{r_0+2}\mathbf{v}_{r_0+2} + \cdots + b_{r_1}\mathbf{v}_{r_1} \\ + c_{r_0+1}\mathbf{w}_{r_0+1} + c_{r_0+2}\mathbf{w}_{r_0+2} + \cdots + c_{r_2}\mathbf{w}_{r_2} = 0 \end{aligned}$$

が成り立ったとしよう．

$$\begin{aligned} \mathbf{x} &= a_1\mathbf{u}_1 + a_2\mathbf{u}_2 + \cdots + a_{r_0}\mathbf{u}_{r_0} + b_{r_0+1}\mathbf{v}_{r_0+1} + b_{r_0+2}\mathbf{v}_{r_0+2} + \cdots + b_{r_1}\mathbf{v}_{r_1} \\ &= -\left(c_{r_0+1}\mathbf{w}_{r_0+1} + c_{r_0+2}\mathbf{w}_{r_0+2} + \cdots + c_{r_2}\mathbf{w}_{r_2}\right) \end{aligned}$$

と置くと左辺は V_1 に，右辺は V_2 に属するベクトルだから $\mathbf{x} \in V_1 \cap V_2$ となり，

$$\mathbf{x} = d_1\mathbf{u}_1 + d_2\mathbf{u}_2 + \cdots + d_{r_0}\mathbf{u}_{r_0}$$

と書ける．すなわち

$$-\left(c_{r_0+1}\mathbf{w}_{r_0+1} + c_{r_0+2}\mathbf{w}_{r_0+2} + \cdots + c_{r_2}\mathbf{w}_{r_2}\right) = d_1\mathbf{u}_1 + d_2\mathbf{u}_2 + \cdots + d_{r_0}\mathbf{u}_{r_0}.$$

$$d_1\mathbf{u}_1 + d_2\mathbf{u}_2 + \cdots + d_{r_0}\mathbf{u}_{r_0} + c_{r_0+1}\mathbf{w}_{r_0+1} + c_{r_0+2}\mathbf{w}_{r_0+2} + \cdots + c_{r_2}\mathbf{w}_{r_2} = 0$$

が成り立つ．

$$\mathbf{u}_1,\ \mathbf{u}_2,\ \cdots,\ \mathbf{u}_{r_0},\quad \mathbf{w}_{r_0+1},\ \mathbf{w}_{r_0+2},\ \cdots,\ \mathbf{w}_{r_2}$$

は V_2 の基底で 1 次独立だから

$$c_{r_0+1} = c_{r_0+2} = \cdots = c_{r_2} = 0.$$

したがって

$$a_1\mathbf{u}_1 + a_2\mathbf{u}_2 + \cdots + a_{r_0}\mathbf{u}_{r_0} + b_{r_0+1}\mathbf{v}_{r_0+1} + b_{r_0+2}\mathbf{v}_{r_0+2} + \cdots + b_{r_1}\mathbf{v}_{r_1} = 0$$

となる．ところが

$$\mathbf{u}_1,\ \mathbf{u}_2,\ \cdots,\ \mathbf{u}_{r_0},\quad \mathbf{v}_{r_0+1},\ \mathbf{v}_{r_0+2},\ \cdots,\ \mathbf{v}_{r_1}$$

は V_1 の基底だから

$$a_1 = a_2 = \cdots = a_{r_0} = b_{r_0+1} = \cdots = b_{r_1} = 0.$$

したがってベクトル

$$\mathbf{u}_1,\ \mathbf{u}_2,\ \cdots,\ \mathbf{u}_{r_0},\quad \mathbf{v}_{r_0+1},\ \mathbf{v}_{r_0+2},\ \cdots,\ \mathbf{v}_{r_1},\quad \mathbf{w}_{r_0+1},\ \mathbf{w}_{r_0+2},\ \cdots,\ \mathbf{w}_{r_2}$$

は 1 次独立である．　□

定義 11.

$V_1 \cap V_2 = \mathbf{0}$ のとき $V_1 + V_2$ をベクトル空間 V_1 と V_2 の**直和**といい

$$V_1 \oplus V_2$$

と書く．

例.

$$E = \mathbf{R}^2 = \left\{ \begin{pmatrix} x \\ y \end{pmatrix};\quad x,\, y \in \mathbf{R} \right\},$$

$$V_1 = \left\{ \begin{pmatrix} x \\ 0 \end{pmatrix} \in E;\quad x \in \mathbf{R} \right\},\quad V_2 = \left\{ \begin{pmatrix} x \\ x \end{pmatrix};\quad x \in \mathbf{R} \right\}.$$

とすると，

$$E = V_1 \oplus V_2\,.$$

実際，任意のベクトル $\begin{pmatrix} a \\ b \end{pmatrix} \in E$ は $\begin{pmatrix} a-b \\ 0 \end{pmatrix} \in V_1$ と $\begin{pmatrix} b \\ b \end{pmatrix} \in V_2$ の和ベクトルになる．

また $\mathbf{v} \in V_1 \cap V_2$ なる任意のベクトルは $\mathbf{v} = \begin{pmatrix} x \\ 0 \end{pmatrix} = \begin{pmatrix} y \\ y \end{pmatrix}$, $x, y \in \mathbf{R}$ と書けるので $x = y = 0$, ゆえに $V_1 \cap V_2 = \mathbf{0}$. E は V_1 と V_2 の直和, $E = V_1 \oplus V_2$ となる.

1.5 線形変換

1.5.1 線形写像の像と核

ベクトル空間 V から W への写像

$$f : V \longmapsto W$$

が**線形写像**であるとは

$$f(\,c_1\mathbf{v}_1 + c_2\mathbf{v}_2\,) = c_1\,f(\mathbf{v}_1) + c_2\,f(\mathbf{v}_2), \quad \forall\mathbf{v}_1, \mathbf{v}_2, \quad c_1, c_2 \in \mathbf{R} \qquad (1.10)$$

が満たされることであった (1.6).

とくにすべてのベクトルを自分自身に写す写像は線形写像で, それを**恒等写像**という.

$f : V \longmapsto W$ が線形写像であるとき次の式で与えられる集合を f の**像**, または f の**像空間**という:

$$f(V) = \{\mathbf{y} \in W \mid \ \text{ある}\ \mathbf{v} \in V\ \text{に対して}\ \mathbf{y} = f(\mathbf{v})\,\} \qquad (1.11)$$

問. 線形写像 $f : V \longmapsto W$ の像空間 $f(V)$ は W のベクトル部分空間となることを証明せよ.

答. $f(V)$ の任意のベクトル $\mathbf{y}_1, \mathbf{y}_2 \in W$ と任意の実数 a_1, a_2 を取ろう. $a_1\mathbf{y}_1 + a_2\mathbf{y}_2 \in f(V)$ をいえばよい. $f(V)$ の定義より, $\mathbf{y}_1 = f(\mathbf{v}_1)$, $\mathbf{y}_2 = f(\mathbf{v}_2)$ となる V のベクトル $\mathbf{v}_1$ と $\mathbf{v}_2$ が存在する. $\mathbf{v} = a_1\mathbf{v}_1 + a_2\mathbf{v}_2 \in V$ と置くと f が線形写像だから

$$a_1\mathbf{y}_1 + a_2\mathbf{y}_2 = a_1 f(\mathbf{v}_1) + a_2 f(\mathbf{v}_2) = f(a_1\mathbf{v}_1 + a_2\mathbf{v}_2) = f(\mathbf{v}).$$

すなわち $a_1\mathbf{y}_1 + a_2\mathbf{y}_2 \in f(V)$.

定義 12.

線形写像 f の像 $f(V)$ を $\mathrm{Im}\,f$ と書く (Im は Image の略).

問. 線形写像 $f : V \longmapsto W$ に対して，W の $\mathbf{0}$ ベクトルの逆像;

$$f^{-1}(\mathbf{0}) = \{\mathbf{v} \in V; \quad f(\mathbf{v}) = \mathbf{0}\}$$

は V の部分ベクトル空間となることを示せ.

定義 13.

$$f^{-1}(\mathbf{0}) = \{\mathbf{v} \in V; \quad f(\mathbf{v}) = \mathbf{0}\} \tag{1.12}$$

を写像 f の**核** (kernel) という.

定理 14.

$f : V \longmapsto W$ をベクトル空間 V から W への線形写像とする. ベクトル空間 V の次元を $\dim V = m$ とすると

$$\dim \mathrm{Im} f \;=\; m - \;\dim\, f^{-1}(\mathbf{0}). \tag{1.13}$$

が成り立つ.

証明. $f^{-1}(\mathbf{0})$ は V の部分空間だから $\dim f^{-1}(\mathbf{0}) = r$ とすると $r \leq m$. $f^{-1}(\mathbf{0})$ の基底

$$\mathbf{u}_1, \mathbf{u}_2, \cdots, \mathbf{u}_r$$

に $m - r$ 個のベクトルを加えて

$$\mathbf{u}_1, \mathbf{u}_2, \cdots, \mathbf{u}_r, \mathbf{u}_{r+1}, \mathbf{u}_{r+2}, \cdots, \mathbf{u}_m$$

が V の基底となるようにする. このとき

$$f(\mathbf{u}_{r+1}), f(\mathbf{u}_{r+2}), \cdots, f(\mathbf{u}_m)$$

が $\mathrm{Im} f = f(V)$ の基底となることをいえば，$\dim \mathrm{Im} f = m - r$ となるから定理が証明される. すなわち，W のベクトル $f(\mathbf{u}_{r+1}), f(\mathbf{u}_{r+2}), \cdots, f(\mathbf{u}_m)$ が1次独立であることと，像 $f(V)$ の任意のベクトルが $f(\mathbf{u}_{r+1}), f(\mathbf{u}_{r+2}), \cdots, f(\mathbf{u}_m)$ の1次結合で書けることとをいえばよい. $m - r$ 個の実数 $c_{r+1}, \cdots, c_m \in \mathbf{R}$ に対して

$$c_{r+1} f(\mathbf{u}_{r+1}) + c_{r+2} f(\mathbf{u}_{r+2}) + \cdots + c_m f(\mathbf{u}_m) = \mathbf{0}$$

が成り立ったとしよう. f は線形写像だから左辺は $f(\sum_{i=r+1}^{m} c_i \mathbf{u}_i)$ に等しく

$$\sum_{i=r+1}^{m} c_i \mathbf{u}_i \in \; f^{-1}(\mathbf{0})$$

となる．したがって，ある $a_1, \cdots, a_r \in \mathbf{R}$ に対して

$$\sum_{i=r+1}^{m} c_i \mathbf{u}_i = \sum_{j=1}^{r} a_j \mathbf{u}_j, \quad a_j \in \mathbf{R}$$

と書ける．$\mathbf{u}_1, \mathbf{u}_2, \cdots, \mathbf{u}_r, \mathbf{u}_{r+1}, \mathbf{u}_{r+2}, \cdots, \mathbf{u}_m$ が V の基底だから $c_i = 0$, $i = r+1, \cdots, m$．ゆえに，$f(\mathbf{u}_{r+1}), f(\mathbf{u}_{r+2}), \cdots, f(\mathbf{u}_m)$ は 1 次独立となることがわかった．次に，$\mathrm{Im} f$ の任意のベクトル $\mathbf{w} \in \mathrm{Im} f$ を取ると，$\mathbf{w} = f(\mathbf{u})$ なる $\mathbf{u} \in V$ がある．$\mathbf{u} = \sum_{i=1}^{m} b_i \mathbf{u}_i$ と置けば

$$\mathbf{w} = f\left(\sum_{i=1}^{m} b_i \mathbf{u}_i\right) = \sum_{i=r+1}^{m} b_i f(\mathbf{u}_i)$$

と書ける．なぜなら $f(\mathbf{u}_i) = 0$, $i = 1, \cdots, r$ だから．以上より $f(\mathbf{u}_{r+1})$, $f(\mathbf{u}_{r+2}), \cdots, f(\mathbf{u}_m)$ は $\mathrm{Im} f = f(V)$ の基底となることがわかった． □

補題 15.

線形写像 $f : V \longmapsto W$ に対して，f が 1 対 1 のとき，そのときにかぎり $f^{-1}(\mathbf{0}) = \mathbf{0}$ である．

なぜなら，$\mathbf{x} \in V, \mathbf{y} \in V$ に対して，

$$f(\mathbf{x}) = f(\mathbf{y}) \overset{f: \text{線形}}{\Longleftrightarrow} f(\mathbf{x} - \mathbf{y}) = \mathbf{0} \Longleftrightarrow \mathbf{x} - \mathbf{y} \in f^{-1}(\mathbf{0}).$$ □

V から自分自身への 線形写像 $f : V \longmapsto V$ を**線形変換**ということが多い．

命題 16.

線形変換 $f : V \longmapsto V$ については，f が上への写像であることと，f が 1 対 1 写像であることとは同値である．

なぜなら，

$$f^{-1}(\mathbf{0}) = \mathbf{0} \Longleftrightarrow \dim f^{-1}(\mathbf{0}) = 0 \Longleftrightarrow \dim \mathrm{Im} f = \dim V$$

最後の条件は $\mathrm{Im} f = f(V)$ がベクトル空間 V の真の部分空間ではあり得ない，すなわち $f(V) = V$ であるといっている． □

定義 17.

線形写像 $f : V \longmapsto W$ に対して $\dim \mathrm{Im} f$ を f の**階数** ($\mathrm{rank}\, f$) という．

1.5.2 線形変換 $\Longleftrightarrow$ 行列

1.3 節で，ベクトル空間の**基底を一つ定めるとき**，ベクトルにその座標を対応させる線形同型

$$\epsilon : \quad V \ni \mathbf{v} = \sum_{i=1}^{m=\dim V} v_i \mathbf{e}_i \longmapsto \epsilon(\mathbf{v}) = \begin{pmatrix} v_1 \\ v_2 \\ \vdots \\ v_m \end{pmatrix} \in \mathbf{R}^m$$

を定義した.

ベクトル空間 V の線形変換 $f : V \longmapsto V$ によりベクトル $\mathbf{v} \in V$ を変換するとき，$\mathbf{v}$ の座標はどのように変換されるか，すなわちベクトル $f(\mathbf{v})$ の座標 $\epsilon(f(\mathbf{v}))$ はどう表されるかを見よう.

V の基底を

$$\mathbf{e}_1, \mathbf{e}_2, \cdots, \mathbf{e}_m$$

とする．$\mathbf{e}_j,\ j = 1, 2, \cdots, m$ を f で変換して

$$f(\mathbf{e}_j) = a_{1j}\mathbf{e}_1 + a_{2j}\mathbf{e}_2 + \cdots a_{mj}\mathbf{e}_m, \quad a_{ij} \in \mathbf{R}, \quad j = 1, 2, \cdots, m,$$

と書けたとしよう．これを表すのに

記号：

$$f(\mathbf{e}_1, \mathbf{e}_2, \cdots, \mathbf{e}_m) = (\mathbf{e}_1, \mathbf{e}_2, \cdots, \mathbf{e}_m) \begin{pmatrix} a_{11} & \cdots & a_{1m} \\ a_{21} & \cdots & \cdot \\ \cdot & \cdots & \cdot \\ \cdot & \cdots & \cdot \\ a_{m1} & \cdots & a_{mm} \end{pmatrix}$$

を使う．左辺の $f(\mathbf{e}_1, \mathbf{e}_2, \cdots, \mathbf{e}_m)$ は $\{f(\mathbf{e}_1), f(\mathbf{e}_2), \cdots, f(\mathbf{e}_m)\}$ を略記したものである.

こうして，基底 $\mathbf{e}_1, \mathbf{e}_2, \cdots, \mathbf{e}_m$ を定めると，線形写像 $f : V \longmapsto V$ には $m \times m$ 行列

$$A = \begin{pmatrix} a_{11} & \cdots & a_{1m} \\ a_{21} & \cdots & \cdot \\ \cdot & \cdots & \cdot \\ \cdot & \cdots & \cdot \\ a_{m1} & \cdots & a_{mm} \end{pmatrix} : \mathbf{R}^m \longmapsto \mathbf{R}^m$$

が対応することがわかった.

数ベクトル $\begin{pmatrix} v_1 \\ v_2 \\ \vdots \\ v_m \end{pmatrix} \in \mathbf{R}^m$ の行列 A による変換を行列の掛け算

$$\begin{pmatrix} a_{11} & \cdots & a_{1m} \\ a_{21} & \cdots & \cdot \\ \cdot & \cdots & \cdot \\ \cdot & \cdots & \cdot \\ a_{m1} & \cdots & a_{mm} \end{pmatrix} \begin{pmatrix} v_1 \\ v_2 \\ \cdot \\ \cdot \\ \cdot \\ v_m \end{pmatrix} = \begin{pmatrix} \sum_{j=1}^m a_{1j}v_j \\ \sum_{j=1}^m a_{2j}v_j \\ \cdot \\ \cdot \\ \cdot \\ \sum_{j=1}^m a_{mj}v_j \end{pmatrix}$$

で定義する. 右辺のベクトルが $f(\mathbf{v})$ の座標表示になっていること, すなわち

$$\epsilon(\,f(\mathbf{v})\,) = A \begin{pmatrix} v_1 \\ v_2 \\ \vdots \\ v_m \end{pmatrix} = A\,\epsilon(\mathbf{v})$$

を確かめよう.

$$V \ni \mathbf{v} = \sum_{i=1}^{m} v_i \mathbf{e}_i \overset{\epsilon}{\longmapsto} \begin{pmatrix} v_1 \\ v_2 \\ \vdots \\ v_m \end{pmatrix} \in \mathbf{R}^m$$

として

$$f(\mathbf{v}) = \sum_{j=1}^{m} v_j\, f(\mathbf{e}_j) = \sum_{j=1}^{m} v_j \sum_{i=1}^{m} a_{ij}\mathbf{e}_i = \sum_{i=1}^{m}\left(\sum_{j=1}^{m} a_{ij}v_j\right)\mathbf{e}_i.$$

右辺に対応する数ベクトル（座標）は

$$\begin{pmatrix} \sum_{j=1}^{m} a_{1j}v_j \\ \sum_{j=1}^{m} a_{2j}v_j \\ \vdots \\ \sum_{j=1}^{m} a_{mj}v_j \end{pmatrix} = A \begin{pmatrix} v_1 \\ v_2 \\ \vdots \\ v_m \end{pmatrix}$$

になる．したがって $f(\mathbf{v})$ の座標は $\mathbf{v}$ の座標を行列 A で変換したものになっている：

$$\epsilon(\,f(\mathbf{v})\,) = A\,\epsilon(\mathbf{v}).$$

今後，この表示を，座標表示であることを示す ϵ を省略して，単に

$$f(\mathbf{v}\,) = A\,\mathbf{v}$$

と書く．

恒等変換の行列は単位行列

$$E = \begin{pmatrix} 1 & 0 & \cdots & 0 \\ 0 & 1 & \cdots & 0 \\ \cdot & \cdots & \cdot & \cdot \\ \cdot & \cdots & \cdot & \cdot \\ 0 & \cdots & 0 & 1 \end{pmatrix}$$

である．

1.5.3　線形写像の行列表示

m 次元ベクトル空間 V 上の線形変換 $f : V \longrightarrow V$ が $m \times m$ 行列により表されることを見たが，二つのベクトル空間 V と W の間の線形写像 $f : V \longrightarrow W$ の行列表示についても同様である．

線形写像 $f : V \longmapsto W$ を行列で表すため，V の基底を

$$\mathbf{e}_1,\, \mathbf{e}_2,\, \cdots,\, \mathbf{e}_m, \qquad m = \dim V,$$

W の基底を

$$\mathbf{d}_1, \mathbf{d}_2, \cdots, \mathbf{d}_n, \qquad n = \dim W,$$

としよう．W のベクトル $f(\mathbf{e}_j)$ は基底 $\{\mathbf{d}_k\}$ により

$$f(\mathbf{e}_j) = \sum_{i=1}^{n} a_{ij}\mathbf{d}_i$$

と表される．これにともなう線形写像 f は $n \times m$ 行列

$$A = \begin{pmatrix} a_{11} & a_{12} & \cdots & a_{1m} \\ a_{21} & a_{22} & \cdots & a_{2m} \\ \cdot & \cdot & \cdots & \cdot \\ \cdot & \cdot & \cdots & \cdot \\ a_{n1} & a_{n2} & \cdots & a_{nm} \end{pmatrix} \tag{1.14}$$

により表される．実際，$V \ni \mathbf{v}$ を基底 $\{\mathbf{e}_i\}$ で表示した座標を

$$\mathbf{v} = \begin{pmatrix} v_1 \\ v_2 \\ \vdots \\ v_m \end{pmatrix},$$

また，$\mathbf{v}$ を線形写像 f で写した W のベクトル $\mathbf{w} = f(\mathbf{v})$ を W の基底 $\{\mathbf{d}_i\}$ により座標表示して，

$$\mathbf{w} = f(\mathbf{v}) = \begin{pmatrix} w_1 \\ w_2 \\ \vdots \\ w_n \end{pmatrix}$$

とすると，

$$\mathbf{w} = f(\mathbf{v}) = f\left(\sum_{j=1}^{m} v_j\mathbf{e}_j\right) = \sum_{j=1}^{m} v_j f(\mathbf{e}_j) = \sum_{j=1}^{m} v_j \sum_{i=1}^{n} a_{ij}\mathbf{d}_i$$

$$= \sum_{i=1}^{n}\left(\sum_{j=1}^{m} a_{ij}v_j\right)\mathbf{d}_i = \begin{pmatrix} \sum_{j=1}^{m} a_{1j}v_j \\ \sum_{j=1}^{m} a_{2j}v_j \\ \vdots \\ \sum_{j=1}^{m} a_{nj}v_j \end{pmatrix}$$

だから

$$\begin{pmatrix} w_1 \\ w_2 \\ \vdots \\ w_n \end{pmatrix} = \begin{pmatrix} \sum_{j=1}^{m} a_{1j}v_j \\ \sum_{j=1}^{m} a_{2j}v_j \\ \vdots \\ \sum_{j=1}^{m} a_{nj}v_j \end{pmatrix} = \begin{pmatrix} a_{11} & a_{12} & \cdots & a_{1m} \\ a_{21} & a_{22} & \cdots & a_{2m} \\ \cdot & \cdot & \cdots & \cdot \\ \cdot & \cdot & \cdots & \cdot \\ a_{n1} & a_{n2} & \cdots & a_{nm} \end{pmatrix} \begin{pmatrix} v_1 \\ v_2 \\ \vdots \\ v_m \end{pmatrix},$$

すなわち

$$\mathbf{w} = f(\mathbf{v}) = A\mathbf{v}\,.$$

となる.

線形写像 $f : U \longmapsto V$ と線形写像 $g : V \longmapsto W$ の合成写像は，写像の合成 $(g \circ f)(x) = g(f(x))$，$x \in V$ で定義される.

$$g \circ f \,:\, U \overset{f}{\longmapsto} V \overset{g}{\longmapsto} W\,. \tag{1.15}$$

U, V, W をそれぞれ l 次元，m 次元，n 次元ベクトル空間とする．線形写像 $f : U \longmapsto V$ が $m \times l$ 行列 A で，また線形写像 $g : V \longmapsto W$ が $n \times m$ 行列 B で表されるとき，線形写像 $g \circ f : U \longmapsto W$ は行列 A と行列 B の積の $n \times l$ 行列 $B\,A$ 行列で表される.

$$\mathbf{u} = \begin{pmatrix} u_1 \\ \vdots \\ u_l \end{pmatrix} \in U, \quad \mathbf{v} = f(\mathbf{u}) = \begin{pmatrix} v_1 \\ \vdots \\ v_m \end{pmatrix} \in V$$

と置くと,

$$\begin{pmatrix} v_1 \\ \vdots \\ v_m \end{pmatrix} = \begin{pmatrix} \sum_{k=1}^{l} a_{1k}u_k \\ \vdots \\ \sum_{k=1}^{l} a_{mk}u_k \end{pmatrix}$$

である．また，

$$g(\mathbf{v}) = \begin{pmatrix} \sum_{j=1}^{m} b_{1j} v_j \\ \vdots \\ \sum_{j=1}^{m} b_{nj} v_j \end{pmatrix} \in W.$$

ゆえに，

$$g(f(\mathbf{u})) = \begin{pmatrix} \sum_{j=1}^{m} b_{1j} (\sum_{k=1}^{l} a_{jk} u_k) \\ \vdots \\ \sum_{j=1}^{m} b_{nj} (\sum_{k=1}^{l} a_{jk} u_k) \end{pmatrix} = \begin{pmatrix} \sum_{k=1}^{l} (\sum_{j=1}^{m} b_{1j} a_{jk}) u_k \\ \vdots \\ \sum_{k=1}^{l} (\sum_{j=1}^{m} b_{nj} a_{jk}) u_k \end{pmatrix}.$$

一方，

$$B\,A = \begin{pmatrix} b_{11} & b_{12} & \cdots & b_{1m} \\ b_{21} & b_{22} & \cdots & b_{2m} \\ \cdot & \cdot & \cdots & \cdot \\ b_{n1} & b_{n2} & \cdots & b_{nm} \end{pmatrix} \begin{pmatrix} a_{11} & a_{12} & \cdots & a_{1l} \\ a_{21} & a_{22} & \cdots & a_{2l} \\ \cdot & \cdot & \cdots & \cdot \\ \cdot & \cdot & \cdots & \cdot \\ a_{m1} & a_{m2} & \cdots & a_{ml} \end{pmatrix}, \quad (1.16)$$

この (i,k) 成分は $\sum_{j=1}^{m} b_{ij} a_{jk}$, $i = 1, \cdots, n$, $k = 1, \cdots, l$ だから

$$g(f(\mathbf{u})) = (B\,A)\mathbf{u}, \quad \forall \mathbf{u} \in U.$$

1.6　基底の変換

1.6.1　基底の変換によるベクトルの座標の変換

V を $\dim V = m$ 次元ベクトル空間として，

$$\mathbf{e}_1, \mathbf{e}_2, \cdots, \mathbf{e}_m,$$

と

$$\mathbf{e}'_1, \mathbf{e}'_2, \cdots, \mathbf{e}'_m,$$

を V の二つの基底とする．$\{\mathbf{e}_i\}_{i=1,\cdots,m}$ が基底だから 各 j について $\mathbf{e}'_j$ は

$$\mathbf{e}'_j = \sum P_{ij} \mathbf{e}_i$$

と書ける．これを記号

$$(\mathbf{e}'_1, \mathbf{e}'_2, \cdots, \mathbf{e}'_m) = (\mathbf{e}_1, \mathbf{e}_2, \cdots, \mathbf{e}_m) \begin{pmatrix} P_{11} & \cdots & P_{1m} \\ P_{21} & \cdots & P_{2m} \\ \cdot & \cdots & \cdot \\ \cdot & \cdots & \cdot \\ P_{m1} & \cdots & P_{mm} \end{pmatrix}$$

で表すと便利である．

この行列を**基底変換の行列** P という．

$\mathbf{v} \in V$ を一つのベクトルとして，基底 $\{\mathbf{e}_i\}_{i=1,\cdots,m}$ による $\mathbf{v}$ の座標を

$$\begin{pmatrix} v_1 \\ v_2 \\ \vdots \\ v_m \end{pmatrix} \in \mathbf{R}^m$$

とし，基底 $\{\mathbf{e}'_i\}_{i=1,\cdots,m}$ による $\mathbf{v}$ の座標を

$$\begin{pmatrix} v'_1 \\ v'_2 \\ \vdots \\ v'_m \end{pmatrix} \in \mathbf{R}^m$$

とするとき

命題 18.

基底変換 P による座標の変換は

$$\begin{pmatrix} v_1 \\ v_2 \\ \vdots \\ v_m \end{pmatrix} = \begin{pmatrix} P_{11} & \cdots & P_{1m} \\ P_{21} & \cdots & P_{2m} \\ \cdot & \cdots & \cdot \\ \cdot & \cdots & \cdot \\ P_{m1} & \cdots & P_{mm} \end{pmatrix} \begin{pmatrix} v'_1 \\ v'_2 \\ \vdots \\ v'_m \end{pmatrix} \tag{1.17}$$

で与えられる．

証明.　ベクトル $\mathbf{v} \in V$ は基底 $\{\mathbf{e}_i\}_{i=1,\cdots,m}$ により $\mathbf{v} = \sum v_i \mathbf{e}_i$ と，基底 $\{\mathbf{e}'_i\}_{i=1,\cdots,m}$ により $\mathbf{v} = \sum v'_j \mathbf{e}'_j$ と表されている.

$$\sum v'_j \mathbf{e}'_j = \sum_{j=1}^{m} v'_j \sum_{i=1}^{m} P_{ij} \mathbf{e}_i = \sum_{i=1}^{m} \left(\sum_{j=1}^{m} P_{ij} v'_j \right) \mathbf{e}_i.$$

だから

$$\sum v_i \, \mathbf{e}_i = \sum_{i=1}^{m} \left(\sum_{j=1}^{m} P_{ij} v'_j \right) \mathbf{e}_i.$$

$\{\mathbf{e}_i\}_{i=1,\cdots,m}$ は基底だから

$$v_i = \sum_{j=1}^{m} P_{ij} \, v'_j. \qquad \square$$

$$(\mathbf{e}'_1, \mathbf{e}'_2, \cdots, \mathbf{e}'_m) = (\mathbf{e}_1, \mathbf{e}_2, \cdots, \mathbf{e}_m) \, P$$

を基底の変換とし，もう一つの基底の変換を

$$(\mathbf{e}''_1, \mathbf{e}''_2, \cdots, \mathbf{e}''_m) = (\mathbf{e}'_1, \mathbf{e}'_2, \cdots, \mathbf{e}'_m) \, Q$$

としよう.

このとき基底 $(\mathbf{e}_1, \mathbf{e}_2, \cdots, \mathbf{e}_m)$ から基底 $(\mathbf{e}''_1, \mathbf{e}''_2, \cdots, \mathbf{e}''_m)$ への変換の行列は

$$PQ$$

である.

問.　これを証明せよ.

とくに $(\mathbf{e}''_1, \mathbf{e}''_2, \cdots, \mathbf{e}''_m) = (\mathbf{e}_1, \mathbf{e}_2, \cdots, \mathbf{e}_m)$ のとき，すなわち，P により基底 $(\mathbf{e}_1, \mathbf{e}_2, \cdots, \mathbf{e}_m)$ を基底 $(\mathbf{e}'_1, \mathbf{e}'_2, \cdots, \mathbf{e}'_m)$ に変換し，Q により基底 $(\mathbf{e}'_1, \mathbf{e}'_2, \cdots, \mathbf{e}'_m)$ を基底 $(\mathbf{e}_1, \mathbf{e}_2, \cdots, \mathbf{e}_m)$ に変換するとき，それは恒等変換にほかならないから

$$PQ = E \, .$$

すなわち，Q が P の逆行列 P^{-1} になる．P による座標変換が (1.17) であるとき，

$$\begin{pmatrix} v'_1 \\ v'_2 \\ \vdots \\ v'_m \end{pmatrix} = P^{-1} \begin{pmatrix} v_1 \\ v_2 \\ \vdots \\ v_m \end{pmatrix} \tag{1.18}$$

1.6.2　基底変換による線形写像の行列表現の変換

線形変換 $f : V \longmapsto V$ の基底

$$\mathbf{e}_1, \mathbf{e}_2, \cdots, \mathbf{e}_m,$$

による行列表示を

$$A = \begin{pmatrix} a_{11} & \cdots & a_{1m} \\ a_{21} & \cdots & a_{2m} \\ \cdot & \cdots & \cdot \\ \cdot & \cdots & \cdot \\ a_{m1} & \cdots & a_{mm} \end{pmatrix}$$

とし，別の基底

$$\mathbf{e}'_1, \mathbf{e}'_2, \cdots, \mathbf{e}'_m,$$

による行列表示を

$$A' = \begin{pmatrix} a'_{11} & \cdots & a'_{1m} \\ a'_{21} & \cdots & a'_{2m} \\ \cdot & \cdots & \cdot \\ \cdot & \cdots & \cdot \\ a'_{m1} & \cdots & a'_{mm} \end{pmatrix}$$

とすると，

命題 19.

$$A' = P^{-1}AP \tag{1.19}$$

ここに，P は基底 $\{\mathbf{e}_i\}_i$ から基底 $\{\mathbf{e}'_i\}_i$ への基底変換の行列である．

証明. $A' = (a'_{ik})$ の定義より

$$f(\mathbf{e}'_k) = \sum_{j=1}^{m} a'_{jk}\mathbf{e}'_j$$

$P = (P_{ij})$ の定義より

$$\mathbf{e}'_j = \sum_{i=1}^{m} P_{ij}\mathbf{e}_i.$$

したがって

$$f(\mathbf{e}'_k) = \sum_{j=1}^{m} a'_{jk}\sum_{i=1}^{m} P_{ij}\mathbf{e}_i = \sum_{i=1}^{m}\left(\sum_{j=1}^{m} P_{ij}a'_{jk}\right)\mathbf{e}_i = \sum_{i=1}^{m}(PA')_{ik}\mathbf{e}_i.$$

ここに，$(PA')_{ik}$ は積行列 PA' の ik 成分である．一方 $\mathbf{e}'_k = \sum_{i=1}^{m} P_{ik}\mathbf{e}_i$ より

$$\begin{aligned} f(\mathbf{e}'_k) &= \sum_{j=1}^{m} P_{jk}\, f(\mathbf{e}_j) = \sum_{j=1}^{m} P_{jk}\sum_{i=1}^{m} a_{ij}\mathbf{e}_i \\ &= \sum_{i=1}^{m}\left(\sum_{j=1}^{m} a_{ij}P_{jk}\right)\mathbf{e}_i = \sum_{i=1}^{m}(AP)_{ik}\mathbf{e}_i \end{aligned}$$

ゆえに

$$\sum_{i=1}^{m}(PA')_{ik}\mathbf{e}_i = \sum_{i=1}^{m}(AP)_{ik}\mathbf{e}_i.$$

$\mathbf{e}_i$ は基底だから

$$(PA')_{ik} = (AP)_{ik}$$

行列 PA' と行列 AP のすべての ik 成分が等しいので

$$PA' = AP, \quad \text{すなわち} \quad A' = P^{-1}AP. \qquad \square$$

1.7 行 列 式

1.7.1 行列式

$m \times m$ 正方行列

$$A = \begin{pmatrix} a_{11} & \cdots & a_{1m} \\ a_{21} & \cdots & a_{2m} \\ \cdot & \cdots & \cdot \\ a_{m1} & \cdots & a_{mm} \end{pmatrix}$$

の行列式は

$$|A| = \sum_{i_1=1}^{m}\sum_{i_2=1}^{m}\cdots\sum_{i_m=1}^{m} \epsilon\begin{pmatrix} 1 & 2 & \cdots & m \\ i_1 & i_2 & \cdots & i_m \end{pmatrix} a_{1\,i_1}\, a_{2\,i_2} \cdots a_{m\,i_m}$$

と定義される．ここに $\epsilon\begin{pmatrix} 1 & 2 & \cdots & m \\ i_1 & i_2 & \cdots & i_m \end{pmatrix}$ は置換の符号である．

例.

$$A = \begin{pmatrix} a_1 & a_2 & a_3 \\ b_1 & b_2 & b_3 \\ c_1 & c_2 & c_3 \end{pmatrix}$$

$\epsilon\begin{pmatrix} 1 & 2 & 3 \\ 2 & 3 & 1 \end{pmatrix} = 1,\ \epsilon\begin{pmatrix} 1 & 2 & 3 \\ 3 & 2 & 1 \end{pmatrix} = -1$ などより

$$|A| = a_1b_2c_3 + b_1c_2a_3 + c_1a_2b_3 - a_1b_3c_2 - a_2b_1c_3 - a_3b_2c_1.$$

定理 20.

$m \times m$ 行列 A と $m \times m$ 行列 B の積行列 AB の行列式は A の行列式 $|A|$ と B の行列式 $|B|$ の積になる：

$$|AB| = |A|\,|B|. \tag{1.20}$$

証明.

$$|AB| = \begin{vmatrix} \sum_{j=1}^m a_{1j}b_{j1} & \sum_{j=1}^m a_{1j}b_{j2} & \cdots & \sum_{j=1}^m a_{1j}b_{jm} \\ \sum_{j=1}^m a_{2j}b_{j1} & \sum_{j=1}^m a_{2j}b_{j2} & \cdots & \sum_{j=1}^m a_{2j}b_{jm} \\ \cdots & \cdots & \cdots & \cdots \\ \cdots & \cdots & \cdots & \cdots \\ \sum_{j=1}^m a_{mj}b_{j1} & \sum_{j=1}^m a_{mj}b_{j2} & \cdots & \sum_{j=1}^m a_{mj}b_{jm} \end{vmatrix}$$

$$\text{右辺} = \sum_{j=1}^{m} b_{j1} \begin{vmatrix} a_{1j} & \sum_{j=1}^m a_{1j}b_{j2} & \cdots & \sum_{j=1}^m a_{1j}b_{jm} \\ a_{2j} & \sum_{j=1}^m a_{2j}b_{j2} & \cdots & \sum_{j=1}^m a_{2j}b_{jm} \\ \cdots & \cdots & \cdots & \cdots \\ \cdots & \cdots & \cdots & \cdots \\ a_{mj} & \sum_{j=1}^m a_{mj}b_{j2} & \cdots & \sum_{j=1}^m a_{mj}b_{jm} \end{vmatrix}$$

$$= \sum_{j_1, j_2, \cdots, j_m = 1}^{m} b_{j_1 1} b_{j_2 2} \cdots b_{j_m m} \begin{vmatrix} a_{1j_1} & a_{1j_2} & \cdots & a_{1j_m} \\ a_{2j_1} & a_{2j_2} & \cdots & a_{2j_m} \\ \cdots & \cdots & \cdots & \cdots \\ \cdots & \cdots & \cdots & \cdots \\ a_{mj_1} & a_{mj_2} & \cdots & a_{mj_m} \end{vmatrix}.$$

この最後の式は，$j_1, j_2, \cdots, j_m$ の間に等しい番号があれば a_{ij} の行列式の部分が 0 になるから，$j_1, j_2, \cdots, j_m$ が $1, 2, \cdots, m$ の順列にわたって動くときの和だけを考えればよい．また

$$\begin{vmatrix} a_{1j_1} & \cdots & a_{1j_m} \\ a_{2j_1} & \cdots & a_{2j_m} \\ \cdots & \cdots & \cdots \\ a_{mj_1} & \cdots & a_{mj_m} \end{vmatrix} = \epsilon \begin{pmatrix} 1 & 2 & \cdots & m \\ j_1 & j_2 & \cdots & j_m \end{pmatrix} \begin{vmatrix} a_{11} & \cdots & a_{1m} \\ a_{21} & \cdots & a_{2m} \\ \cdots & \cdots & \cdots \\ a_{m1} & \cdots & a_{mm} \end{vmatrix}$$

だから

$$= \sum_{j_1, j_2, \cdots, j_m = 1}^{m} \epsilon \begin{pmatrix} 1 & 2 & \cdots & m \\ j_1 & j_2 & \cdots & j_m \end{pmatrix} b_{j_1 1} b_{j_2 2} \cdots b_{j_m m} \begin{vmatrix} a_{11} & \cdots & a_{1m} \\ a_{21} & \cdots & a_{2m} \\ \cdots & \cdots & \cdots \\ a_{m1} & \cdots & a_{mm} \end{vmatrix}.$$

これは

$$\begin{vmatrix} b_{11} & \cdots & b_{1m} \\ b_{21} & \cdots & b_{2m} \\ \cdots & \cdots & \cdots \\ b_{m1} & \cdots & b_{mm} \end{vmatrix} \begin{vmatrix} a_{11} & \cdots & a_{1m} \\ a_{21} & \cdots & a_{2m} \\ \cdots & \cdots & \cdots \\ a_{m1} & \cdots & a_{mm} \end{vmatrix}$$

に等しい． □

$m \times m$ 行列 A の i 行と j 列を除いてつくった $(m-1) \times (m-1)$ 行列の行列式

$$\Delta_{ij} = (-1)^{i+j} \begin{vmatrix} a_{11} & \cdots \overset{j}{\vee} \cdots & a_{1m} \\ a_{21} & \cdots \vee \cdots & a_{2m} \\ \cdot & \cdots \vee \cdots & \cdot \\ i > & & \\ \cdot & \cdots \vee \cdots & \cdot \\ a_{m1} & \cdots \vee \cdots & a_{mm} \end{vmatrix}$$

を 行列 A の $(i,j)-$ **余因子**という．

命題 21.

1.

$$a_{1j}\Delta_{1k} + a_{2j}\Delta_{2k} + \cdots + a_{mj}\Delta_{mk} = |A|\,\delta_{jk}$$

2.

$$a_{i1}\Delta_{k1} + a_{i2}\Delta_{k2} + \cdots + a_{im}\Delta_{km} = |A|\,\delta_{ik}$$

証明は省略する．行列式の本を参照していただきたい．たとえば（佐武一郎：線型代数学，II 章 §3, 式 (22), (24), p.57 から p.60）．

$$\boldsymbol{\Delta} = \begin{pmatrix} \Delta_{11} & \cdots & \Delta_{1m} \\ \Delta_{21} & \cdots & \Delta_{2m} \\ \cdot & \cdots & \cdot \\ \Delta_{m1} & \cdots & \Delta_{mm} \end{pmatrix} \tag{1.21}$$

と置くとき，上の二つの式はそれぞれ

$${}^{t}\boldsymbol{\Delta}\, A = |A|\, E \tag{1.22}$$

$$A\, {}^{t}\boldsymbol{\Delta} = |A|\, E \tag{1.23}$$

となる．ここに，左上の添字 t は転置（行と列を入れかえ）を表す．

定理 22.

$m \times m$ 行列 A に対し，行列 A の逆行列 A^{-1} が存在するための必要十分条件は行列式 $|A|$ が 0 とならないことである：

$$|A| \neq 0 \iff \exists A^{-1}. \tag{1.24}$$

このとき逆行列 A^{-1} は

$$A^{-1} = \frac{1}{|A|}\,{}^t\boldsymbol{\Delta} = \frac{1}{|A|}\begin{pmatrix} \Delta_{11} & \cdots & \Delta_{m1} \\ \Delta_{12} & \cdots & \Delta_{m2} \\ . & \cdots & . \\ \Delta_{1m} & \cdots & \Delta_{mm} \end{pmatrix} \tag{1.25}$$

で与えられる.

必要条件の証明は上の式 (1.22), (1.23) による．逆に A の逆行列 A^{-1} が存在するとしよう．すると

$$A^{-1}A = E, \quad AA^{-1} = E.$$

各々の行列式を取り $|A|^{-1}|A| = 1$, ゆえに $|A| \neq 0$.

定義 23.

行列 A の逆行列 A^{-1} が存在するとき A を**正則行列**という.

問.

$|A| = 0$ なら，$A\mathbf{v} = 0$ を満たす 0 でないベクトル $\mathbf{v} \neq 0$ が存在することを示せ.

1.7.2　連立 1 次方程式

変数 $x_1, x_2, \cdots, x_n$ の連立 1 次方程式

$$\begin{cases} a_{11}x_1 + a_{12}x_2 + \cdots a_{1n}x_n &= b_1 \\ a_{21}x_1 + a_{12}x_2 + \cdots a_{2n}x_n &= b_2 \\ \qquad\cdots\cdots &= \cdot \\ a_{n1}x_1 + a_{n2}x_2 + \cdots a_{nn}x_n &= b_n \end{cases} \tag{1.26}$$

を考えよう．係数 a_{ij} の行列（線形写像）を

$$A = \begin{pmatrix} a_{11} & \cdots & a_{1n} \\ a_{21} & \cdots & a_{2n} \\ . & \cdots & . \\ a_{n1} & \cdots & a_{nn} \end{pmatrix}$$

とすると (1.26) は

$$A\mathbf{x} = \mathbf{b}, \qquad \mathbf{x} = \begin{pmatrix} x_1 \\ x_2 \\ \vdots \\ x_n \end{pmatrix}, \mathbf{b} = \begin{pmatrix} b_1 \\ b_2 \\ \vdots \\ b_n \end{pmatrix}$$

と書ける．連立方程式 (1.26) を解くということは，線形写像 A によりベクトル $\mathbf{b} \in \mathbf{R}^n$ に移されるような，すなわち，$A\mathbf{x} = \mathbf{b}$ となるようなベクトル $\mathbf{x} \in \mathbf{R}^n$ を求めよ，という問題になる．行列式 $|A| \neq 0$ なら，その解は

$$\mathbf{x} = A^{-1}\mathbf{b} = \frac{1}{|A|}{}^t\boldsymbol{\Delta}\,\mathbf{b} = \frac{1}{|A|}\begin{pmatrix} \Delta_{11} & \cdots & \Delta_{n1} \\ \Delta_{12} & \cdots & \Delta_{n2} \\ . & \cdots & . \\ \Delta_{1n} & \cdots & \Delta_{nn} \end{pmatrix}\begin{pmatrix} b_1 \\ b_2 \\ \vdots \\ b_n \end{pmatrix},$$

すなわち

$$x_j = \frac{1}{|A|}\sum_{i=1}^{n} b_i\,\Delta_{ij}, \quad j = 1, 2, \cdots, n$$

で与えられる．この分子は行列式

$$\begin{vmatrix} a_{11} & \cdots & a_{1\,j-1} & \overset{(j)}{b_1} & a_{1\,j+1} & \cdots & a_{1n} \\ a_{21} & \cdots & a_{2\,j-1} & b_2 & a_{2\,j+1} & \cdots & a_{2n} \\ . & \cdots & & & . & \cdots & . \\ . & \cdots & & & . & \cdots & . \\ a_{n1} & \cdots & a_{n\,j-1} & b_n & a_{n\,j+1} & \cdots & a_{nn} \end{vmatrix}$$

を j 列で展開したものである．

Cramer の公式

$|A| \neq 0$ なる行列 A に対して，連立1次方程式 (1.26) の解は

$$x_j = \frac{\begin{vmatrix} a_{11} & \cdots \overset{(j)}{b_1} \cdots & a_{1n} \\ a_{21} & \cdots b_2 \cdots & a_{2n} \\ \cdot & \cdots\cdots\cdots & \cdot \\ \cdot & \cdots\cdots\cdots & \cdot \\ a_{n1} & \cdots b_n \cdots & a_{nn} \end{vmatrix}}{\begin{vmatrix} a_{11} & \cdots & a_{1n} \\ a_{21} & \cdots & a_{2n} \\ \cdot & \cdots & \cdot \\ a_{n1} & \cdots & a_{nn} \end{vmatrix}}, \qquad 1 \leq j \leq n. \tag{1.27}$$

で与えられる.

1.8 行列の階数

1.8.1 $n \times m$ 行列の階数

線形写像 $f : V \longmapsto W$ に対して 像空間 $\mathrm{Im} f = f(V)$ の次元 $\dim \mathrm{Im} f$ を f の**階数** $\mathrm{rank}\, f$ というのだった.

ベクトル空間 V の基底とベクトル空間 W の基底をそれぞれ

$$\mathbf{e}_1, \mathbf{e}_2, \cdots, \mathbf{e}_m, \qquad m = \dim V,$$

$$\mathbf{d}_1, \mathbf{d}_2, \cdots, \mathbf{d}_n, \qquad n = \dim W,$$

とする. (1.14) より 線形写像 $f : V \longmapsto W$ は $n \times m$ 行列

$$A = \begin{pmatrix} a_{11} & a_{12} & \cdots & a_{1m} \\ a_{21} & a_{22} & \cdots & a_{2m} \\ \cdot & \cdot & \cdots & \cdot \\ \cdot & \cdot & \cdots & \cdot \\ a_{n1} & a_{n2} & \cdots & a_{nm} \end{pmatrix}$$

により表される. すなわち, $V \ni \mathbf{v}$ を基底 $\{\mathbf{e}_i\}$ で表示した座標を

$$\mathbf{v} = \begin{pmatrix} v_1 \\ v_2 \\ \vdots \\ v_m \end{pmatrix}.$$

W のベクトル $\mathbf{w} = f(\mathbf{v})$ を基底 $\{\mathbf{d}_i\}$ で表示した座標を

$$\mathbf{w} = \begin{pmatrix} w_1 \\ w_2 \\ \vdots \\ w_n \end{pmatrix}$$

とすると,

$$\mathbf{w} = f(\mathbf{v}) = A\mathbf{v}\,,$$

$$\begin{pmatrix} w_1 \\ w_2 \\ \vdots \\ w_n \end{pmatrix} = \begin{pmatrix} a_{11} & a_{12} & \cdots & a_{1m} \\ a_{21} & a_{22} & \cdots & a_{2m} \\ \cdot & \cdot & \cdots & \cdot \\ \cdot & \cdot & \cdots & \cdot \\ a_{n1} & a_{n2} & \cdots & a_{nm} \end{pmatrix} \begin{pmatrix} v_1 \\ v_2 \\ \vdots \\ v_m \end{pmatrix}$$

となる.

このように書くと

$$\operatorname{rank} f \ = \ f(V) \ \text{の次元} \ = \ \{A\mathbf{v};\, \mathbf{v} \in V\} \ \text{の次元} \tag{1.28}$$

であることがわかる. A の列ベクトルを

$$\mathbf{a}_j \ = \begin{pmatrix} a_{1j} \\ a_{2j} \\ \vdots \\ a_{nj} \end{pmatrix}, \quad 1 \leq j \leq m,$$

とする. すなわち,

$$A = (\mathbf{a}_1, \mathbf{a}_2, \cdots, \mathbf{a}_m)$$

と置くと，

$$A\mathbf{v} = \begin{pmatrix} \sum_{j=1}^m a_{1j}v_j \\ \sum_{j=1}^m a_{2j}v_j \\ \vdots \\ \sum_{j=1}^m a_{nj}v_j \end{pmatrix} = \sum_{j=1}^m v_j\mathbf{a}_j$$

となる．したがって $\{A\mathbf{v} : \mathbf{v} \in V\}$ の次元は，この右辺にあるベクトル

$$(\mathbf{a}_1, \mathbf{a}_2, \cdots, \mathbf{a}_m)$$

のうち 1 次独立なものの最大個数ということになる．(1.28) より $\mathrm{rank}\, f$ が A の列ベクトル $\mathbf{a}_1, \mathbf{a}_2, \cdots, \mathbf{a}_m$ のうち 1 次独立となるものの最大個数であることがわかった．

定義 24.

$n \times m$ 行列

$$A = \begin{pmatrix} a_{11} & a_{12} & \cdots & a_{1m} \\ a_{21} & a_{22} & \cdots & a_{2m} \\ \cdot & \cdot & \cdots & \cdot \\ \cdot & \cdot & \cdots & \cdot \\ a_{n1} & a_{n2} & \cdots & a_{nm} \end{pmatrix}$$

の階数 $\mathrm{rank}\, A$ は，A の列ベクトル $\mathbf{a}_1, \mathbf{a}_2, \cdots, \mathbf{a}_m$ のうち 1 次独立となるものの最大個数である．

これより，次がわかる：

1. $\mathrm{rank}\, A \leq \min(m, n)$，ここに $\min(m, n)$ は m と n の小さい方の数を表す．

2. $$\mathrm{rank}\, A = m \iff \mathbf{a}_1, \mathbf{a}_2, \cdots, \mathbf{a}_m \text{ 1 次独立} \\ \iff \mathbf{v} \longmapsto A\mathbf{v} \text{ が 1 対 1 写像}, m \leq n.$$

3. $\mathrm{rank}\, A = n \iff \mathbf{a}_1, \mathbf{a}_2, \cdots, \mathbf{a}_m$ のうち n 個のベクトル $\mathbf{a}_{i_1}, \mathbf{a}_{i_2}, \cdots, \mathbf{a}_{i_n}$ が 1 次独立

このときは $n \leq m$ で $A : \mathbf{x} \longmapsto A\mathbf{x}$ は (上への写像)；

$$A\,\mathbf{R}^m = \mathbf{R}^n$$

となる.

また容易にわかるように $n \times m$ 行列 A と $m \times l$ 行列 B に対して

$$\operatorname{rank} AB \leq \min(\operatorname{rank} A, \operatorname{rank} B).$$

定理 25.

$n \times m$ 行列 A と $n \times n$ 正則行列 P および $m \times m$ 正則行列 Q に対して

$$\operatorname{rank} PAQ = \operatorname{rank} PA = \operatorname{rank} A$$

が成り立つ.

なぜなら $\operatorname{rank} PA \leq \operatorname{rank} A$ であり，また $\operatorname{rank} A = \operatorname{rank} P^{-1}PA \leq \operatorname{rank} PA$ より $\operatorname{rank} PA = \operatorname{rank} A$. 同様に $\operatorname{rank} PAQ = \operatorname{rank} PA$.

m 次元ベクトル空間 V から n 次元ベクトル空間 W への線形写像を

$$f : V \longmapsto W,$$

として V の基底を

$$\mathbf{e}_1, \mathbf{e}_2, \cdots, \mathbf{e}_m,$$

W の基底を

$$\mathbf{d}_1, \mathbf{d}_2, \cdots, \mathbf{d}_n,$$

とするとき，f に対応する $n \times m$ 行列を

$$A : \mathbf{R}^m \longmapsto \mathbf{R}^n,$$

としよう．また，V の別の基底

$$\mathbf{e}'_1, \mathbf{e}'_2, \cdots, \mathbf{e}'_m,$$

と W の基底

$$\mathbf{d}'_1, \mathbf{d}'_2, \cdots, \mathbf{d}'_n,$$

で f を表す $n \times m$ 行列を

$$A' : \mathbf{R}^m \longmapsto \mathbf{R}^n,$$

としよう.

基底 $\mathbf{e}_1, \mathbf{e}_2, \cdots, \mathbf{e}_m$ から基底 $\mathbf{e}'_1, \mathbf{e}'_2, \cdots, \mathbf{e}'_m$ への V の基底変換の行列を P とする：

$$(\mathbf{e}'_1, \mathbf{e}'_2, \cdots, \mathbf{e}'_m) = (\mathbf{e}_1, \mathbf{e}_2, \cdots, \mathbf{e}_m)P.$$

同様に基底 $(\mathbf{d}_1, \mathbf{d}_2, \cdots, \mathbf{d}_n)$ から基底 $(\mathbf{d}'_1, \mathbf{d}'_2, \cdots, \mathbf{d}'_n)$ への W の基底変換の行列を Q とする：

$$(\mathbf{d}'_1, \mathbf{d}'_2, \cdots, \mathbf{d}'_n) = (\mathbf{d}_1, \mathbf{d}_2, \cdots, \mathbf{d}_n)Q.$$

このとき

$$A' = Q^{-1}AP \tag{1.29}$$

となる．証明は命題 18 と同じようにしてできる．

問． これを証明せよ．

命題 26.

線形写像 $f : V \longmapsto W$ を，V の基底 $\mathbf{e}_1, \mathbf{e}_2, \cdots, \mathbf{e}_m$ と W の基底 $\mathbf{d}_1, \mathbf{d}_2, \cdots, \mathbf{d}_n$ により表す $n \times m$ 行列を A とし，行列 A の階数を $\operatorname{rank} A = r$ とする．このとき，V の基底 $\mathbf{e}_1, \mathbf{e}_2, \cdots, \mathbf{e}_m$ を別の基底 $\mathbf{e}'_1, \mathbf{e}'_2, \cdots, \mathbf{e}'_m$ に移す基底変換 ($m \times m$ 行列) P と，W の基底 $\mathbf{d}_1, \mathbf{d}_2, \cdots, \mathbf{d}_n$ を別の基底 $\mathbf{d}'_1, \mathbf{d}'_2, \cdots, \mathbf{d}'_n$ に移す基底変換 ($n \times n$ 行列) Q を適当に選べば，V の基底 $\mathbf{e}'_1, \mathbf{e}'_2, \cdots, \mathbf{e}'_m$ と W の基底 $\mathbf{d}'_1, \mathbf{d}'_2, \cdots, \mathbf{d}'_n$ により f を表す行列 $Q^{-1}AP$ は

$$Q^{-1}AP = \begin{pmatrix} 1 & 0 & \cdots & 0 & 0 & \cdots & 0 \\ 0 & 1 & \cdots & 0 & 0 & \cdots & 0 \\ \cdot & \cdot & \cdots & \cdot & \cdot & \cdot & \cdots \\ \cdot & \cdot & \cdots & 1 & 0 & \cdot & 0 \\ 0 & \cdots & & 0 & 0 & \cdots & 0 \\ 0 & \cdots & & 0 & 0 & \cdots & 0 \\ \cdot & \cdot & & \cdots & \cdot & \cdot & \cdots \\ 0 & \cdot & & 0 & 0 & \cdot & 0 \end{pmatrix} \tag{1.30}$$

の形になるようにできる．左上の $r \times r$ 単位行列以外 0 となっている．

実際，$\operatorname{rank} A = r$ より $\dim f^{-1}(0) = m - r$ だから基底

$$\mathbf{e}'_1, \mathbf{e}'_2, \cdots, \mathbf{e}'_m,$$

を後ろの $m-r$ 個のベクトルが $f^{-1}(0)$ の基底となるように取れる．そのとき像 $f(V)\subset W$ はベクトル $f(\mathbf{e}'_1), f(\mathbf{e}'_2), \cdots, f(\mathbf{e}'_r)$ により張られる．すなわち，任意の $f(V)$ のベクトルはこれら r 個のベクトルの 1 次結合である．$\dim f(V)=r$ だからこれらは 1 次独立である．そこで

$$\mathbf{d}'_1 = f(\mathbf{e}'_1),\, \mathbf{d}'_2 = f(\mathbf{e}'_2), \cdots, \mathbf{d}'_r = f(\mathbf{e}'_r)$$

と取り，さらに $n-r$ 個の 1 次独立ベクトル $\mathbf{d}'_{r+1}, \mathbf{d}'_{r+2}, \cdots, \mathbf{d}'_n$, を取って W の基底とする．このとき任意のベクトル $\mathbf{v}=\sum_{j=1}^m v_j\mathbf{e}'_j \in V$ に対して,

$$AP\mathbf{v} = \sum_{j=1}^m v_j\, f(\mathbf{e}'_j) = \sum_{j=1}^r v_j\, f(\mathbf{e}'_j) = \sum_{j=1}^r v_j\, \mathbf{d}'_j\,.$$

$$Q^{-1}(\mathbf{d}'_1,\, \mathbf{d}'_1 \cdots, \mathbf{d}'_n) = (\mathbf{d}_1,\, \mathbf{d}_1 \cdots, \mathbf{d}_n)$$

だから

$$Q^{-1}AP\mathbf{v} = \sum_{j=1}^r v_j\, \mathbf{d}_j\,,$$

すなわち

$$Q^{-1}AP\begin{pmatrix} v_1 \\ \vdots \\ v_m \end{pmatrix} = \begin{pmatrix} v_1 \\ \vdots \\ v_r \end{pmatrix}.$$

ゆえに行列 $Q^{-1}AP$ は (1.30) の形になる．

直感的にいうと，ベクトルを線形変換で移すときに，まず，そのベクトルの長さを伸ばしたり縮めたりし，また適当に回転しておくとともに，変換したあとのベクトルも長さを伸ばしたり縮めたりし，適当に回転するならば，その変換は（rank に応じた）恒等変換をほどこすのと同じことである，と言っている．各々のベクトルに応じてこの操作をするのでなく，すべてのベクトルについて一斉にそのようにできる，と主張している．

1.8.2　小行列式

$n\times m$ 行列

$$A = \begin{pmatrix} a_{11} & a_{12} & \cdots & a_{1m} \\ a_{21} & a_{22} & \cdots & a_{2m} \\ \cdot & \cdot & \cdots & \cdot \\ \cdot & \cdot & \cdots & \cdot \\ a_{n1} & a_{n2} & \cdots & a_{nm} \end{pmatrix}$$

の n 個の行から r 行を取り，m 列の内から r 列を選んで作った $r \times r$ 正方行列

$$\begin{pmatrix} a_{i_1 j_1} & a_{i_1 j_2} & \cdots & a_{i_1 j_r} \\ a_{i_2 j_1} & a_{i_2 j_2} & \cdots & a_{i_2 j_r} \\ \cdot & \cdot & \cdots & \cdot \\ \cdot & \cdot & \cdots & \cdot \\ a_{i_r j_1} & a_{i_r j_2} & \cdots & a_{i_r j_r} \end{pmatrix}$$

を $r \times r$ **小行列**，その行列式を $r \times r$ **小行列式**という．$r \times r$ 小行列式は $\begin{pmatrix} n \\ r \end{pmatrix}\begin{pmatrix} m \\ r \end{pmatrix}$ 個ある．ここに $\begin{pmatrix} n \\ r \end{pmatrix}$ は n 個のものから r 個のものを選ぶ方法の数を表している．

定理 27.

次の条件 1, 2 は同値である．

1. m 個の n 次元ベクトル

$$\mathbf{a}_j = \begin{pmatrix} a_{1j} \\ a_{2j} \\ \vdots \\ a_{nj} \end{pmatrix}, \quad 1 \leq j \leq m$$

が 1 次独立である．

2. $m \leq n$ であり，$n \times m$ 行列

$$A = \begin{pmatrix} a_{11} & a_{12} & \cdots & a_{1m} \\ a_{21} & a_{22} & \cdots & a_{2m} \\ \cdot & \cdot & \cdots & \cdot \\ \cdot & \cdot & \cdots & \cdot \\ a_{n1} & a_{n2} & \cdots & a_{nm} \end{pmatrix}$$

の n 個の行から m 行を選んで作った $m \times m$ 小行列式のなかに 0 でないものがある．

証明. $(2 \Longrightarrow 1)$　n 個の行から m 行を選んで作った $m \times m$ 小行列式

$$B = \begin{pmatrix} a_{i_1 1} & a_{i_1 2} & \cdots & a_{i_1 m} \\ a_{i_2 1} & a_{i_2 2} & \cdots & a_{i_2 m} \\ \cdot & \cdot & \cdots & \cdot \\ \cdot & \cdot & \cdots & \cdot \\ a_{i_m 1} & a_{i_m 2} & \cdots & a_{i_m m} \end{pmatrix}$$

の行列式 $|B|$ が 0 でないとしよう．いま $\sum_{j=1}^{m} c_j \mathbf{a}_j = 0$ であったとする:

$$\sum_{j=1}^{m} c_j \begin{pmatrix} a_{1j} \\ a_{2j} \\ \vdots \\ a_{nj} \end{pmatrix} = \begin{pmatrix} 0 \\ 0 \\ \vdots \\ 0 \end{pmatrix}.$$

とくに

$$\sum_{j=1}^{m} c_j \begin{pmatrix} a_{i_1 j} \\ a_{i_2 j} \\ \vdots \\ a_{i_m j} \end{pmatrix} = \begin{pmatrix} 0 \\ 0 \\ \vdots \\ 0 \end{pmatrix}.$$

すなわち，$\mathbf{c} = \begin{pmatrix} c_1 \\ c_2 \\ \vdots \\ c_m \end{pmatrix}$ として，

$$
B\,\mathbf{c} = \begin{cases} a_{i_1 1}c_1 + a_{i_1 2}c_2 + \cdots a_{i_1 m}c_m & = \quad 0 \\ a_{i_2 1}c_1 + a_{i_2 2}c_2 + \cdots a_{i_2 m}c_m & = \quad 0 \\ \qquad\cdots\cdots & = \quad \cdot \\ a_{i_m 1}c_1 + a_{i_m 2}c_2 + \cdots a_{i_m m}c_m & = \quad 0 \end{cases}
$$

$|B| \neq 0$ より B の逆行列 B^{-1} があるから，$\mathbf{c} = B^{-1}B\mathbf{c} = 0$. すなわち，$c_1 = \cdots = c_m = 0$. したがって $\mathbf{a}_1, \mathbf{a}_2, \cdots, \mathbf{a}_m$ は 1 次独立である.

$(1 \Longrightarrow 2)$ の証明.

$\mathbf{e}_1, \cdots, \mathbf{e}_n$ を $\mathbf{R}^n$ の基底とする．m 個の n 次元ベクトル $\mathbf{a}_1, \mathbf{a}_2, \cdots, \mathbf{a}_m$ が 1 次独立であるとしよう．このとき $m \leq n$ である．そこで $n+m$ 個のベクトル

$$
\mathbf{a}_1, \mathbf{a}_2, \cdots, \mathbf{a}_m,\ \mathbf{e}_1, \cdots, \mathbf{e}_n
$$

から $\mathbf{a}_1, \mathbf{a}_2, \cdots, \mathbf{a}_m$ を含む最大個 $(= n$ 個$)$ の 1 次独立ベクトル

$$
\mathbf{a}_1, \mathbf{a}_2, \cdots, \mathbf{a}_m,\ \mathbf{e}_{j_1}, \cdots, \mathbf{e}_{j_{n-m}}
$$

を取ると，これらは基底になる．始めの基底 $\mathbf{e}_1, \cdots, \mathbf{e}_n$ からこの基底への基底変換の行列 P を考える．簡単のため $j_1 = 1$. $j_2 = 2$, $\cdots$, $j_{n-m} = n-m$ のときを見てみると

$$
P = \begin{pmatrix} a_{11} & \cdots & a_{1m} & & & & \\ a_{21} & \cdots & a_{2m} & & & 0 & \\ \cdot & \cdot & \cdot & & & & \\ a_{m1} & \cdots & a_{mm} & & & & \\ a_{m+1\,1} & \cdots & a_{m+1\,m} & 1 & 0 & \cdot & \cdot \\ a_{m+2\,1} & \cdots & a_{m+2\,m} & 0 & 1 & \cdot & \cdot \\ \cdot & \cdot & \cdot & \cdot & \cdot & \cdot & \cdot \\ a_{n1} & \cdots & a_{nm} & \cdot & \cdot & \cdot & 1 \end{pmatrix}
$$

これは基底変換行列だから $|P| \neq 0$ で

$$
|P| = \begin{vmatrix} a_{11} & \cdots & a_{1m} \\ a_{21} & \cdots & a_{2m} \\ \cdot & \cdot & \cdot \\ a_{m1} & \cdots & a_{mm} \end{vmatrix}
$$

ゆえに $m \times m$ 小行列式

$$\begin{vmatrix} a_{11} & \cdots & a_{1m} \\ a_{21} & \cdots & a_{2m} \\ \cdot & \cdot & \cdot \\ a_{m1} & \cdots & a_{mm} \end{vmatrix} \neq 0 .$$

すなわち2が示された.

一般の場合は, $\pm$ を置換 $\begin{pmatrix} 1 & \cdots & m & m+1 & \cdots & n \\ i_1 & \cdots & i_m & j_1 & \cdots & j_{n-m} \end{pmatrix}$ の符号に応じて取り,

$$0 \neq |P| = \pm \begin{vmatrix} a_{i_1 1} & \cdots & a_{i_1 m} & & & & \\ a_{i_2 1} & \cdots & a_{i_2 m} & & & 0 & \\ \cdot & \cdot & \cdot & & & & \\ a_{i_m 1} & \cdots & a_{i_m m} & & & & \\ a_{j_1 1} & \cdots & a_{j_1 m} & 1 & 0 & \cdot & \cdot \\ a_{j_2 1} & \cdots & a_{j_2 m} & 0 & 1 & \cdot & \cdot \\ \cdot & \cdot & \cdot & \cdot & \cdot & \cdot & \cdot \\ a_{j_{n-m} 1} & \cdots & a_{j_{n-m} m} & \cdot & \cdot & \cdot & 0 \end{vmatrix}$$

$$= \pm \begin{vmatrix} a_{i_1 1} & \cdots & a_{i_1 m} \\ a_{i_2 1} & \cdots & a_{i_2 m} \\ \cdot & \cdot & \cdot \\ a_{i_m 1} & \cdots & a_{i_m m} \end{vmatrix}$$

となる. ゆえに $m \times m$ 小行列式

$$\begin{vmatrix} a_{i_1 1} & \cdots & a_{i_1 m} \\ a_{i_2 1} & \cdots & a_{i_2 m} \\ \cdot & \cdot & \cdot \\ a_{i_m 1} & \cdots & a_{i_m m} \end{vmatrix} \neq 0$$

□

この定理で, 条件1を

1. $r < m, r < n$ で, r 個の n 次元ベクトル

$$\mathbf{a}_j = \begin{pmatrix} a_{1j} \\ a_{2j} \\ \vdots \\ a_{nj} \end{pmatrix}, \quad 1 \leq j \leq r$$

が1次独立である.

と変えると，条件 2 を

2. $r < m, r < n$ で，$n \times m$ 行列 A の n 個の行から r 行と，m 個の列から r 列を選んで作った $r \times r$ 小行列式のなかに 0 でないものがある．

と変えればよいことが，証明をたどってみればすぐわかる．

このようにして次の定理が示される．

定理 28.

$n \times m$ 行列 A に対して 次は同値である．

1. A の列ベクトルに r 個の 1 次独立なベクトルが存在し，また $r+1$ 個以上の 1 次独立な列ベクトルが存在しない．

2. A の $r \times r$ 小行列式のなかに 0 でないものが存在し，また $(r+1) \times (r+1)$ 小行列式はすべて 0 となる．

したがって $\operatorname{rank} A$ は，行列 A の，$s = 1, \cdots, \min\{n, m\}$ に対する $s \times s$ 小行列式のうちで 0 でないようなものの最大サイズ r のことである．

問. この定理の証明をきちんと書いてみよ．

さて定理 28 で条件 1 は，行列

$$A = \begin{pmatrix} a_{11} & a_{12} & \cdots & a_{1m} \\ a_{21} & a_{22} & \cdots & a_{2m} \\ \cdot & \cdot & \cdots & \cdot \\ \cdot & \cdot & \cdots & \cdot \\ a_{n1} & a_{n2} & \cdots & a_{nm} \end{pmatrix}$$

に対して，A の転置行列 ($m \times n$ 行列)

$${}^tA = \begin{pmatrix} a_{11} & a_{21} & \cdots & a_{n1} \\ a_{12} & a_{22} & \cdots & a_{n2} \\ \cdot & \cdot & \cdots & \cdot \\ \cdot & \cdot & \cdots & \cdot \\ a_{1m} & a_{2m} & \cdots & a_{nm} \end{pmatrix}$$

の行ベクトルに r 個の 1 次独立なベクトルが存在し，また $r+1$ 個以上の 1 次

独立な行ベクトルが存在しない，という条件と同値で，条件 2 は $|A| = |{}^tA|$ で ${}^tA$ に対しても同じだから，

命題 29.

$\mathrm{rank}\, A = \mathrm{rank}\, {}^tA$ は A の行ベクトルから選べる 1 次独立なものの最大個数に等しい．

1.8.3 m 元 n 立連立 1 次方程式

変数 $x_1, x_2, \cdots, x_m$ の m 元 n 立連立 1 次方程式

$$\left\{\begin{array}{lcl} a_{11}x_1 + a_{12}x_2 + \cdots a_{1m}x_m & = & b_1 \\ a_{21}x_1 + a_{12}x_2 + \cdots a_{2m}x_m & = & b_2 \\ \cdots\cdots & = & . \\ a_{n1}x_1 + a_{n2}x_2 + \cdots a_{nm}x_m & = & b_n \end{array}\right. \tag{1.31}$$

は行列（線形写像）

$$A = \begin{pmatrix} a_{11} & \cdots & a_{1m} \\ a_{21} & \cdots & a_{2m} \\ . & \cdots & . \\ a_{n1} & \cdots & a_{nm} \end{pmatrix}$$

によりベクトル $\mathbf{b} = \begin{pmatrix} b_1 \\ b_2 \\ \vdots \\ b_n \end{pmatrix} \in \mathbf{R}^n$ に移されるような $\mathbf{x} = \begin{pmatrix} x_1 \\ x_2 \\ \vdots \\ x_m \end{pmatrix} \in \mathbf{R}^m$ を求めよ，という問題になる:

$$A\mathbf{x} = \mathbf{b}$$

1.7.2 節では $n = m$ の場合を考え，解の公式，Cramer の公式 (1.27) を得た．

(1) b = 0 の場合

$$A\mathbf{x} = 0 \tag{1.32}$$

を $\mathrm{rank}\, A = r$ の場合に考察しよう．はじめの $r \times r$ 行列が 0 でないと仮定してよいので

$$\Delta_r = \begin{vmatrix} a_{11} & \cdots & a_{1r} \\ a_{21} & \cdots & a_{2r} \\ \cdot & \cdots & \cdot \\ a_{r1} & \cdots & a_{rr} \end{vmatrix} \neq 0$$

としよう．定理 28 と命題 29 より A の行ベクトル

$$\mathbf{a}^1, \mathbf{a}^2, \cdots, \mathbf{a}^r, \quad ここに \quad \mathbf{a}^i = (a_{i1}\, a_{i2} \cdots a_{im}),$$

は 1 次独立で，他の行ベクトル $\mathbf{a}^k$, $r+1 \leq k \leq n$, は $\mathbf{a}^1, \mathbf{a}^2, \cdots, \mathbf{a}^r$ の 1 次結合で書ける：

$$\mathbf{a}^k = \sum_{i=1}^{r} c_i^{(k)} \mathbf{a}^i, \quad r+1 \leq k \leq n,$$

くわしく書くと

$$a_{kj} = \sum_{i=1}^{r} c_i^{(k)} a_{ij}, \qquad r+1 \leq \forall k \leq n,\ 1 \leq \forall j \leq m.$$

さて，方程式 (1.32) は

$$\sum_{j=1}^{m} a_{ij} x_j = 0, \qquad 1 \leq \forall i \leq n \tag{1.33}$$

となる．はじめの r 行に関する方程式

$$\sum_{j=1}^{m} a_{ij} x_j = 0, \qquad 1 \leq \forall i \leq r \tag{1.34}$$

を満たすベクトル

$$\mathbf{x} = \begin{pmatrix} x_1 \\ x_2 \\ \vdots \\ x_m \end{pmatrix}$$

があれば残りの $r+1 \leq k \leq n$ に対して

$$\sum_{j=1}^{m} a_{kj} x_j = \sum_{j=1}^{m} \left(\sum_{i=1}^{r} c_i^{(k)} a_{ij} \right) x_j = \sum_{i=1}^{r} c_i^{(k)} \left(\sum_{j=1}^{m} a_{ij}\, x_j \right) = 0$$

だから，(1.34) を満たす $\mathbf{x}$ は (1.33) も満たす，すなわち (1.32) の解ベクトルとなる．したがって (1.33) の後の $n-r$ 個の方程式は考えなくてよくなる．(1.33) の前の r 個の式，すなわち (1.34) を書き直すと

$$\sum_{j=1}^{r} a_{ij}x_j = -\sum_{j=r+1}^{m} a_{ij}x_j, \qquad 1 \leq i \leq r$$

となる．そこで

$$\sum_{j=1}^{r} a_{ij}\, y_j \;=\; -\, a_{i\, r+1}, \qquad 1 \leq i \leq r$$

なる方程式を考えてみよう．Cramar の公式より解は

$$y_j \;=\; y_j^{r+1} \;=\; -\,\frac{\Delta^{j}_{r\, r+1}}{\Delta_r}\,,$$

ここに

$$\Delta^{j}_{r\, r+1} \;=\; \begin{vmatrix} a_{11} & \cdots \overset{(j)}{a_{1\, r+1}} \cdots & a_{1r} \\ a_{21} & \cdots a_{2\, r+1} \cdots & a_{2r} \\ \cdot & \cdots\cdots\cdots & \cdot \\ a_{r1} & \cdots a_{r\, r+1} \cdots & a_{rr} \end{vmatrix}, \qquad 1 \leq j \leq r,$$

で与えられる．したがって

$$\begin{pmatrix} y_1^{r+1} \\ y_2^{r+1} \\ \vdots \\ y_r^{r+1} \\ 1 \end{pmatrix} \tag{1.35}$$

は方程式

$$\sum_{j=1}^{r} a_{ij}\, x_j \;=\; -\, a_{i\, r+1} x_{r+1}, \qquad 1 \leq i \leq r$$

の一つの解になる．右辺を移項して (1.35) は方程式

$$\sum_{j=1}^{r+1} a_{i\, j}\, x_j \;=\; 0, \qquad 1 \leq i \leq r$$

を満たす．さらに

$$
\mathbf{y}^1 = \begin{pmatrix} y_1^{r+1} \\ y_2^{r+1} \\ \vdots \\ y_r^{r+1} \\ 1 \\ 0 \\ \vdots \\ 0 \end{pmatrix}
$$

は，方程式 (1.34)

$$
\sum_{j=1}^{m} a_{i\,j}\, x_j = 0, \qquad 1 \leq i \leq r
$$

の解となる．同様に $1 \leq p \leq m - r$ に対して

$$
y_j^{r+p} = - \frac{\Delta_{r\,r+p}^{j}}{\Delta_r},
$$

$$
\Delta_{r\,r+p}^{j} = \begin{vmatrix} a_{11} & \cdots \overset{(j)}{a_{1\,r+p}} \cdots & a_{1r} \\ a_{21} & \cdots a_{2\,r+p} \cdots & a_{2r} \\ \cdot & \cdots\cdots\cdots & \cdot \\ a_{r1} & \cdots a_{r\,r+p} \cdots & a_{rr} \end{vmatrix}, \qquad 1 \leq j \leq r,
$$

として

$$
\mathbf{y}^p = \begin{pmatrix} y_1^{r+p} \\ y_2^{r+p} \\ \vdots \\ y_r^{r+p} \\ 0 \\ 0 \\ \vdots \\ 1 \\ \vdots \\ 0 \end{pmatrix} \tag{1.36}
$$

も (1.34)

$$\sum_{j=1}^{m} a_{i\,j}\,x_j \;=\; 0, \qquad 1 \le i \le r$$

の解となる．以上から，任意の $m-r$ 個の数 $c_1, c_2, \cdots, c_{m-r}$ に対して

$$\sum_{k=1}^{m-r} c_k\,\mathbf{y}^k$$

は方程式 (1.34) の解になる．はじめに述べたようにこれらは考えている方程式 (1.32) の解である．

こうして次の定理が得られた．

定理 30.

m 個の変数に関する連立 1 次方程式

$$A\mathbf{x} = 0$$

の係数行列 A の階数 $\mathrm{rank}\,A = r$ とすれば，解 $\mathbf{x}$ の全体の作るベクトル空間 $\ker A$ は $m-r$ 次元ベクトル空間になる．

このベクトル空間の基底として上の

$$\mathbf{y}^1, \mathbf{y}^2, \cdots, \mathbf{y}^{m-r}$$

を取ることができる．

(2)　一般の b の場合

連立方程式

$$\left\{\begin{array}{lcl} a_{11}x_1 + a_{12}x_2 + \cdots a_{1m}x_m & = & b_1 \\ a_{21}x_1 + a_{12}x_2 + \cdots a_{2m}x_m & = & b_2 \\ \cdots\cdots & = & . \\ a_{n1}x_1 + a_{n2}x_2 + \cdots a_{nm}x_m & = & b_n \end{array}\right. \tag{1.37}$$

は列ベクトル

$$\mathbf{a}_1, \cdots, \mathbf{a}_m, \qquad \mathbf{a}_j = \begin{pmatrix} a_{1j} \\ \vdots \\ a_{mj} \end{pmatrix}$$

により

$$x_1\mathbf{a}_1 + \cdots + x_m\mathbf{a}_m = \mathbf{b} \tag{1.38}$$

と書ける．すると (1.37) が解 $\mathbf{x}$ を持つためには $\mathbf{b}$ が $\mathbf{a}_1, \cdots, \mathbf{a}_m$ の 1 次結合で書けることであり，$\mathbf{a}_1, \cdots, \mathbf{a}_m$ の張る W の部分空間と $\mathbf{b}, \mathbf{a}_1, \cdots, \mathbf{a}_m$ の張る W の部分空間が一致することである．したがって

$$\dim\{\mathbf{a}_1, \cdots, \mathbf{a}_m\} = \dim\{\mathbf{a}_1, \cdots, \mathbf{a}_m, \mathbf{b}\}.$$

これは，$B = \begin{pmatrix} a_{11} & \cdots & a_{1m} & b_1 \\ a_{21} & \cdots & a_{2m} & b_2 \\ \cdot & \cdots & \cdot & \cdot \\ a_{n1} & \cdots & a_{nm} & b_n \end{pmatrix}$ と置くとき，

$$\operatorname{rank} B = \operatorname{rank} A$$

ということである．したがって

定理 31.

連立方程式 (1.37) が解をもつためには，$\operatorname{rank} B = \operatorname{rank} A$ となることが必要十分である．

連立方程式 (1.31):

$$A\mathbf{x} = \mathbf{b}$$

が解を持つなら その解空間の次元は $m-\operatorname{rank} A$ である．この一つの解を $\mathbf{z}: A\mathbf{z} = \mathbf{b}$ とするとき，残りの解は

$$\mathbf{z} + \sum_{p=1}^{m-r} c_p\, \mathbf{y}^p, \qquad c_1, \cdots, c_{m-r} \in \mathbf{R},$$

と表せる．ここに $\mathbf{y}^p$, $p = 1, \cdots, m-r$, は (1.36) で与えられるベクトルである．

1.9 双対空間

1.9.1 双対空間

定理 32.

ベクトル空間 V から $\mathbf{R}$ への線形写像の全体 V^* はベクトル空間になる．

$$V^* = \{\, f : V \longmapsto \mathbf{R};\quad \text{線形写像}\}$$

$f \in V^*$ と $g \in V^*$ の和 $f+g$ および実数との積 を

$$(f+g)(\mathbf{v}) = f(\mathbf{v}) + g(\mathbf{v}), \tag{1.39}$$

$$(cf)(\mathbf{v}) = cf(\mathbf{v}), \qquad \forall c \in \mathbf{R}, \quad \forall \mathbf{v} \in V, \tag{1.40}$$

と定義すると

$$\begin{aligned}(f+g)(a\mathbf{u}+b\mathbf{v}) &= f(a\mathbf{u}+b\mathbf{v}) + g(a\mathbf{u}+b\mathbf{v}) \\ &= af(\mathbf{u}) + bf(\mathbf{v}) + ag(\mathbf{u}) + bg(\mathbf{v}) \\ &= a(f+g)(\mathbf{u}) + b(f+g)(\mathbf{v}) \\ (cf)(a\mathbf{u}+b\mathbf{v}) &= c(\,af(\mathbf{u}) + bf(\mathbf{v})\,) \\ &= a(cf)(\mathbf{u}) + b(cf)(\mathbf{v}), \qquad \forall c \in \mathbf{R}, \quad \forall \mathbf{v} \in V\,.\end{aligned}$$

ゆえに $f+g \in V^*$, $cf \in V^*$ で，さらに 集合 V^* はベクトル空間の条件 1. (i)〜(iv), 2. (i)〜(iv), を満たすことがわかる.

問. V^* がベクトル空間の条件 1. (i)〜(iv), 2. (i)〜(iv) を満たすことを確かめよ.

定義 33.

ベクトル空間 V^* を V の**双対空間**, dual という.

1.9.2 共役写像

$\nu : V \longmapsto W$ をベクトル空間 V からベクトル空間 W への線形写像とする. また V^* をベクトル空間 V の双対空間, W^* をベクトル空間 W の双対空間としよう.

このとき線形写像 ν から定まる線形写像

$$\nu^* : W^* \longmapsto V^* \tag{1.41}$$

がある. これを見よう.

$g \in W^*$ に対して $\nu^*(g) \in V^*$ を

$$\nu^*(g)(\mathbf{v}) = g(\nu(\mathbf{v})), \qquad \forall \mathbf{v} \in V,$$

で定義する．$\mathbf{v} \in V$ だから $\nu(\mathbf{v}) \in W$ で，$\nu(\mathbf{v})$ での $g \in W^*$ の値 $g(\nu(\mathbf{v}))$ が決まる．$\forall \mathbf{v} \in V$ にこの値を対応させる写像が $\nu^*(g)$ である．$\nu^*(g)$ が線形写像であることは

$$
\begin{aligned}
\nu^*(g)\,(a\mathbf{u} + b\mathbf{v}) &= g\,(\nu(a\mathbf{u} + b\mathbf{v})) = g\,(a\nu(\mathbf{u}) + b\nu(\mathbf{v})\,) \\
&= ag\,(\nu(\mathbf{u})) + bg\,(\nu(\mathbf{v})) = a\nu^*(g)\,(\mathbf{u}) + b\nu^*(g)\,(\mathbf{v})
\end{aligned}
$$

よりわかる．

$\nu^* : W^* \longmapsto V^*$ を $\nu : V \longmapsto W$ の**共役写像**という．

$f \in V^*$ と $\mathbf{v} \in V$ に対して，$f(\mathbf{v}) \in \mathbf{R}$ を

$$\langle f \,|\, \mathbf{v} \rangle \tag{1.42}$$

と書くことが多い．

この記号を使うと

$$\langle\, \nu^*(g) \,|\, \mathbf{v}\, \rangle = \langle\, g \,|\, \nu(\mathbf{v})\, \rangle. \tag{1.43}$$

ここで，左辺は V^* と V の双対関係で書いてあり，右辺は W^* と W の双対関係で書いてあることに注意．

ベクトル空間 V の基底を $\mathbf{e}_1, \mathbf{e}_2, \cdots, \mathbf{e}_m$ としよう．このとき，$i = 1, 2, \cdots, m$ に対して，

$$
\epsilon^i(\mathbf{e}_j) = \delta^i_j = \begin{cases} 1, & i = j \text{ のとき,} \\ 0, & i \neq j \text{ のとき,} \end{cases} \tag{1.44}
$$

と置いて $\epsilon^i \in V^*$ を定義する．$\mathbf{v} = \sum_{j=1}^m v^j \mathbf{e}_j$ に対しては

$$\epsilon^i(\mathbf{v}) = \sum_{j=1}^m v^j \epsilon^i(\mathbf{e}_j),$$

となる．

問． $\epsilon^i \in V^*$ を証明せよ．

$$\epsilon^1, \epsilon^2, \cdots, \epsilon^m$$

は V^* の基底になる．

実際 $\sum_i c_i \epsilon^i = 0$ となる $c_i \in \mathbf{R}$, $i = 1, 2, \cdots, n$ があるとすると，$\forall k$ に対して

$$\sum_i c_i \epsilon^i (\mathbf{e}_k) = 0 .$$

ϵ^i の定義より，左辺の和は c_k だから $\forall k$ に対して $c_k = 0$. ゆえに $\epsilon^1, \epsilon^2, \cdots \epsilon^m$ は V^* の 1 次独立なベクトルとなることがわかった．また，$f \in V^*$ に対して $f_j = f(\mathbf{e}_j)$, $j = 1, 2, \cdots, m$ と置くと，$\forall \mathbf{v} = \sum v_k \mathbf{e}_k \in V$ に対して，

$$\sum_j^m f_j \epsilon^j (\mathbf{v}) = \sum_j^m f_j \sum_k^m v_k \epsilon^j (\mathbf{e}_k) = \sum_j^m f_j v_j = \sum_j^m f(v_j \mathbf{e}_j) = f(\mathbf{v}).$$

したがって

$$f = \sum_j^m f_j \epsilon^j$$

である．任意の $f \in V^*$ は $\epsilon^1, \epsilon^2, \cdots, \epsilon^m$ の 1 次結合で書けることがわかった．

したがって $\epsilon^1, \epsilon^2, \cdots, \epsilon^m$ は V^* の基底になる．

$$\epsilon^1, \epsilon^2, \cdots, \epsilon^m$$

を $\mathbf{e}_1, \mathbf{e}_2, \cdots, \mathbf{e}_m$ の**双対基底**という．

とくに

$$\dim V^* = \dim V. \tag{1.45}$$

1.9.3　転置行列

m 次元ベクトル空間 V の基底を

$$\mathbf{e}_1, \mathbf{e}_2, \cdots, \mathbf{e}_m,$$

n 次元ベクトル空間 W の基底を

$$\mathbf{d}_1, \mathbf{d}_2, \cdots, \mathbf{d}_n,$$

とする．

$\mathbf{e}_1, \mathbf{e}_2, \cdots, \mathbf{e}_m$ の双対基底を

$$\epsilon^1, \epsilon^2, \cdots \epsilon^m,$$

$\mathbf{d}_1, \mathbf{d}_2, \cdots, \mathbf{d}_n$ の双対基底を

$$\delta^1, \delta^2, \cdots \delta^n$$

としよう．

m 次元ベクトル空間 V から n 次元ベクトル空間 W への線形写像を

$$\nu : V \longmapsto W,$$

として ν に対応する $n \times m$ 行列を

$$A: \mathbf{R}^m \longmapsto \mathbf{R}^n,$$

としよう．

$$A = \begin{pmatrix} a_{11} & a_{12} & \cdots & a_{1m} \\ a_{21} & a_{22} & \cdots & a_{2m} \\ \cdot & \cdot & \cdots & \cdot \\ \cdot & \cdot & \cdots & \cdot \\ a_{n1} & a_{n2} & \cdots & a_{nm} \end{pmatrix}.$$

ν の共役写像

$$\nu^* : W^* \longmapsto V^* \tag{1.46}$$

の双対基底による行列表示を求めよう．

$$\nu(\mathbf{e}_j) = A \begin{pmatrix} 0 \\ \cdot \\ 1 \\ \cdot \\ 0 \end{pmatrix} = \begin{pmatrix} a_{1j} \\ \cdot \\ \cdot \\ a_{nj} \end{pmatrix} = a_{1j}\mathbf{d}_1 + \cdots a_{nj}\mathbf{d}_n, \quad 1 \leq \forall j \leq m,$$

だから

$$\langle \nu^*(\delta^k) | \, \mathbf{e}_j \rangle = \langle \delta^k | \, \nu(\mathbf{e}_j) \rangle = \left\langle \delta^k \, \Big| \sum_i a_{ij}\mathbf{d}_i \right\rangle = a_{kj}, \quad \begin{matrix} 1 \leq \forall j \leq m, \\ 1 \leq \forall k \leq n, \end{matrix}$$

すなわち

$$\nu^*(\delta^k) = \sum_j a_{kj} \, \epsilon^j , \qquad 1 \leq k \leq n,$$

となる．ゆえに，共役写像 ν^* を双対基底 $\{\delta^1, \delta^2, \cdots, \delta^n\}$ と $\{\epsilon^1, \epsilon^2, \cdots, \epsilon^m\}$ で表した行列は

$$\begin{pmatrix} a_{11} & a_{21} & \cdots & a_{n1} \\ a_{12} & a_{22} & \cdots & a_{n2} \\ \cdot & \cdot & \cdots & \cdot \\ \cdot & \cdot & \cdots & \cdot \\ a_{1m} & a_{2m} & \cdots & a_{nm} \end{pmatrix}.$$

これは行列 $A: \mathbf{R}^m \longmapsto \mathbf{R}^n$ の行と列を入れ替えた転置行列

$$ {}^tA : \mathbf{R}^n \longmapsto \mathbf{R}^m $$

になっている.

$$
\begin{array}{ccccccc}
V & \overset{\nu}{\longmapsto} & W & \qquad & V^* & \overset{\nu^*}{\longleftarrow} & W^* \\
\downarrow & & \downarrow & & \downarrow & & \downarrow \\
\mathbf{R}^m & \overset{A}{\longmapsto} & \mathbf{R}^n, & & \mathbf{R}^m & \overset{{}^tA}{\longleftarrow} & \mathbf{R}^n.
\end{array}
$$

$$ \langle {}^tA\, g \,|\, \mathbf{v} \rangle = \langle g \,|\, A\mathbf{v} \rangle. \tag{1.47} $$

問. 行列 $A : \mathbf{R}^m \longmapsto \mathbf{R}^n$ と 行列 $B : \mathbf{R}^l \longmapsto \mathbf{R}^m$ の積 $AB : \mathbf{R}^l \longmapsto \mathbf{R}^n$ の転置行列は

$$ {}^t(AB) = {}^tB\, {}^tA : \mathbf{R}^n \longmapsto \mathbf{R}^l $$

である.

問.

$$ {}^t({}^tA) = A $$

を示せ.

問. $|A| \neq 0$ なら

$$ {}^t(A^{-1}) = ({}^tA)^{-1} \tag{1.48} $$

となる.

[(1.25) と, ${}^tA$ に対する同様の式からわかる. (1.22), (1.23) より ${}^tA$ の逆行列の形を見つけよ.]

1.9.4 零化空間

ベクトル空間 V とその双対空間 V^* があるとき, V の部分空間 W に対して次で定義される V^* の部分空間

$$ W^o = \{ v \in V^* : \quad v(w) = 0, \forall w \in W \} \tag{1.49} $$

を W の **零化空間**, **annihilator** という.

命題 34.

$$ \dim W + \dim W^o = \dim V $$

証明.

V の基底を

$$\mathbf{e}_1, \mathbf{e}_2, \cdots, \mathbf{e}_n,$$

とする．$\dim W = n - r$ とする．$\mathbf{e}_{r+1}, \mathbf{e}_2, \cdots, \mathbf{e}_n$ が部分空間 W の基底になっているとしてよい．また

$$\epsilon^1, \epsilon^2, \cdots, \epsilon^n$$

を V^* の基底で，V の双対基底になっているとする：

$$\epsilon^k(\mathbf{e}_j) = \delta^k_j \, .$$

任意の $v \in W^o$ が $\epsilon_1, \cdots, \epsilon_r$ の1次結合で表されることを示せば $\dim W^o = r$ がわかる．$v(\mathbf{e}_j) = 0$, $j = r+1, \cdots, n$ であることに注意しよう．$c_k = v(\mathbf{e}_k)$, $k = 1, \cdots, r$ と置く．$\sum_{k=1}^r c_k \epsilon^k \in V^*$ を考えると

$$\sum_{k=1}^r c_k \epsilon^k(\mathbf{e}_j) = v(\mathbf{e}_j), \ 1 \leq \forall j \leq n$$

がわかる．なぜなら，$1 \leq j \leq r$ については $c_k = v(\mathbf{e}_k)$ で，$r+1 \leq j \leq n$ に対しては両辺とも 0 だから．ゆえに V^* のベクトルとして

$$v = \sum_{k=1}^r c_k \epsilon^k \, .$$

すなわち W^o の基底として $\epsilon_1, \cdots, \epsilon_r$ が取れることがわかった．ゆえに $\dim W^o = r$.

1.10　行列の固有値，固有ベクトル，直和分解

1.10.1　行列の固有値，固有ベクトル

定義 35.

ベクトル空間 V の線形変換 $A : V \longmapsto V$ に対して，ある数 $\lambda \in \mathbf{R}$ と あるベクトル $\mathbf{v} \neq \mathbf{0}$ が存在して，

$$A\mathbf{v} = \lambda \, \mathbf{v} \tag{1.50}$$

を満たされるとき，$\lambda \in \mathbf{R}$ を A の一つの**固有値**といい，$\mathbf{v}$ を A の固有値 λ に属する（一つの）**固有ベクトル**という．

連立方程式で書くなら，

$$A = \begin{pmatrix} a_{11} & a_{12} & \cdots & a_{1n} \\ a_{21} & a_{22} & \cdots & a_{2n} \\ \cdot & \cdot & \cdots & \cdot \\ \cdot & \cdot & \cdots & \cdot \\ a_{n1} & a_{n2} & \cdots & a_{nn} \end{pmatrix}$$

とするとき，$\mathbf{v} = \begin{pmatrix} v_1 \\ v_2 \\ \vdots \\ v_n \end{pmatrix}$ が A の固有値 λ に属する固有ベクトルであるとは，

$\mathbf{v} \neq 0$ が

$$\begin{cases} a_{11}v_1 + a_{12}v_2 + \cdots a_{1n}v_n & = \lambda v_1 \\ a_{21}v_1 + a_{22}v_2 + \cdots a_{2n}v_n & = \lambda v_2 \\ \cdots\cdots & = \cdot \\ a_{n1}v_1 + a_{n2}v_2 + \cdots + a_{nn}v_n & = \lambda v_n \end{cases} \tag{1.51}$$

の解，あるいは

$$\begin{cases} (a_{11} - \lambda)v_1 + a_{12}v_2 + \cdots a_{1n}v_n & = & 0 \\ a_{21}v_1 + (a_{22} - \lambda)v_2 + \cdots a_{2n}v_n & = & 0 \\ \cdots\cdots & = & \cdot \\ a_{n1}v_1 + a_{n2}v_2 + \cdots + (a_{nn} - \lambda)v_n & = & 0 \end{cases} \tag{1.52}$$

の解となることである．

例． 行列

$$A = \begin{pmatrix} 0 & 0 & -1 \\ 0 & 1 & 0 \\ -1 & 0 & 0 \end{pmatrix}$$

に対して $\lambda = 1$ と $\lambda = -1$ は A の固有値になる．実際，$\lambda = 1$ に対しては

$$\mathbf{v}_1 = \begin{pmatrix} 0 \\ 1 \\ 0 \end{pmatrix} \quad と \quad \mathbf{v}_2 = \begin{pmatrix} 1 \\ 0 \\ -1 \end{pmatrix}$$

が $A\mathbf{v}_i = \mathbf{v}_i$, $i = 1, 2$, を満たす固有ベクトルであり，
$\lambda = -1$ に対しては

$$\mathbf{u} = \begin{pmatrix} 1 \\ 0 \\ 1 \end{pmatrix}$$

が固有ベクトルになる．

$\mathbf{v}$ が行列 A の固有値 λ に属する固有ベクトルであれば，任意の実数 c に対して $c\mathbf{v}$ も固有値 λ に属する固有ベクトルになる．また二つのベクトル $\mathbf{u}$ と $\mathbf{v}$ が固有値 λ に属する固有ベクトルならば 和 $\mathbf{v} + \mathbf{u}$ も固有値 λ に属する固有ベクトルになることがわかる．

したがって，固有値 λ に属する固有ベクトル の全体はベクトル空間になる．これを固有値 λ の**固有空間** V_λ という．

問. 固有値 λ に属する 固有ベクトル の全体 V_λ はベクトル空間になることを証明せよ．

(1.52) は方程式

$$A\mathbf{x} - \lambda\mathbf{x} = \mathbf{0}$$

に $\mathbf{v} \neq \mathbf{0}$ なる解があることなので，行列 $A - \lambda E$ の逆行列は存在しない．ゆえに定理 22 より行列 $A - \lambda E$ の行列式が 0 でなくてはならない：
すなわち $t \in \mathbf{R}$ が A の固有値であるためには

$$|A - tE| = 0 \tag{1.53}$$

が必要十分である．ここで

$$|tE - A| = \begin{vmatrix} t - a_{11} & -a_{12} & \cdots & -a_{1n} \\ -a_{21} & t - a_{22} & \cdots & \cdot \\ \cdot & \cdots & \cdot & \\ -a_{n1} & \cdot & \cdots & t - a_{nn} \end{vmatrix}.$$

である．

$$P_A(t) = |tE - A| = t^n - \mathrm{tr}A\, t^{n-1} + \cdots + (-1)^n|A| \tag{1.54}$$

を行列 A の**固有多項式**という．ここに

$$\mathrm{tr}A = a_{11} + a_{22} + \cdots + a_{nn}$$

は対角線成分の和で A の **trace** という．

重要な例.　三角行列

$$A = \begin{pmatrix} a_{11} & a_{12} & \cdots & a_{1n} \\ 0 & a_{22} & \cdots & a_{2n} \\ & & \cdots & . \\ 0 & 0 & \cdots & a_{nn} \end{pmatrix}$$

の固有多項式は

$$P_A(t) = |tE - A| = \begin{vmatrix} t - a_{11} & -a_{12} & \cdots & -a_{1n} \\ 0 & t - a_{22} & \cdots & -a_{2n} \\ . & & \cdots & . \\ 0 & 0 & \cdots & t - a_{nn} \end{vmatrix} = \Pi_{i=1}^{n}(t - a_{ii})$$

したがって三角行列の固有値は その対角成分である.

命題 36.

行列 A の二つの相異なる固有値に対する固有ベクトルは1次独立である.

$\lambda_1 \neq \lambda_2$ を A の二つの相異なる固有値とし, $\mathbf{v}_1 \neq \mathbf{0}$, $\mathbf{v}_2 \neq \mathbf{0}$ をそれぞれの固有ベクトル：

$$A\mathbf{v}_1 = \lambda_1 \mathbf{v}_1, \quad A\mathbf{v}_2 = \lambda_2 \mathbf{v}_2$$

としよう. これらが1次関係 $\mathbf{v}_2 = c\mathbf{v}_1$ を満たせば

$$\lambda_2 c\mathbf{v}_1 = \lambda_2 \mathbf{v}_2 = A\mathbf{v}_2 = cA\mathbf{v}_1 = c\lambda_1 \mathbf{v}_1$$

だから $\lambda_1 = \lambda_2$ となり矛盾.

一般に λ_k, $k = 1, 2, \cdots, q+1$ を A の $q+1$ 個の相異なる固有値とし, $\mathbf{v}_k \neq \mathbf{0}$ をそれぞれの固有ベクトル：$A\mathbf{v}_k = \lambda_k \mathbf{v}_k$, とする. いま $\mathbf{v}_i; i = 1, 2, \cdots, q$ は1次独立で $\mathbf{v}_{q+1}$ が $\mathbf{v}_i; i = 1, 2, \cdots, q$ に1次従属:

$$\mathbf{v}_{q+1} = c_1 \mathbf{v}_1 + \cdots + c_q \mathbf{v}_q$$

となったとすると,

$$\begin{aligned} \lambda_{q+1}(c_1\mathbf{v}_1 + \cdots + c_q\mathbf{v}_q) = \lambda_{q+1}\mathbf{v}_{q+1} = A\mathbf{v}_{q+1} = A(c_1\mathbf{v}_1 + \cdots + c_q\mathbf{v}_q) \\ = \lambda_1 c_1 \mathbf{v}_1 + \lambda_2 c_2 \mathbf{v}_2 + \cdots + \lambda_q c_q \mathbf{v}_q. \end{aligned}$$

ゆえに $\lambda_{q+1}c_k = \lambda_k c_k$, $\forall k$. どれかの $c_k \neq 0$ だから矛盾．したがって $\mathbf{v}_i; i = 1, 2, \cdots, q+1$ は 1 次独立となる．こうして相異なる固有値に対する固有ベクトルはたがいに 1 次独立であることがわかった．

重要な注意.

実数を成分とする行列しか考えなくても，固有値を実数に限るとたいへん不便なことが多い．たとえば

$$A = \begin{pmatrix} \cos\theta & -\sin\theta \\ \sin\theta & \cos\theta \end{pmatrix}$$

の固有値は

$$|\lambda E - A| = \lambda^2 - 2(\cos\theta)\lambda + 1 = 0$$

この解 $\lambda = \cos\theta \pm i\sin\theta$ は $\theta \neq n\pi$ のとき実数でない．

$\dim V = n$ とすると，固有多項式は n 次の多項式で，複素数の範囲で考えると n 個の根を持つから，複素数の固有値も考えられるようにしたい．そのためにはベクトルへの複素数のスカラー積を考えねばならないから，複素ベクトル空間と その線形変換を考える必要がある．複素ベクトル空間と その線形変換の理論は 5 章で議論する．複素ベクトル空間の線形変換は必ず n 個の固有値を持つ．以下 3 章まで，実ベクトル空間を扱うので，固有値を持たない線形変換もある．

1.10.2 不変部分空間

$A: V \longmapsto V$ を線形写像とする．V の部分空間 W が $AW \subset W$ すなわち

$$W \ni \mathbf{v} \longmapsto A\mathbf{v} \in W$$

を満たすとき，W は A の不変部分空間，または W は $A-$ 不変であるという．W が線形写像 A の不変部分空間であるとき，$n = \dim V$, $m = \dim W \leq n$ とし，W の基底 $\mathbf{e}_1, \mathbf{e}_2, \cdots, \mathbf{e}_m$, に $n - m$ 個の基底を加えた V の基底を $\mathbf{e}_1, \mathbf{e}_2, \cdots, \mathbf{e}_m, \mathbf{e}_{m+1}, \cdots, \mathbf{e}_n$ を取ると，この基底で表した A の行列は

$$\begin{pmatrix} A_{11} & A_{12} \\ 0 & A_{21} \end{pmatrix},$$

となる．ここに A_{11} は $m \times m$ 行列，A_{12} は $m \times (n-m)$ 行列，A_{21} は $(n-m) \times (n-m)$ 行列である．なぜなら $j = 1, 2, \cdots, m$ に対して $A\mathbf{e}_j \in W$ だか

ら $A\mathbf{e}_j$ を V の基底で表すと $A\mathbf{e}_j = \sum_{i=1}^{m} c_i\mathbf{e}_i + \sum_{i=m+1}^{n} 0\,\mathbf{e}_i$ となるからである．さらに V が二つの $A-$ 不変な部分空間 W_1, W_2 の直和

$$V = W_1 \oplus W_2$$

に分解されれば，$\mathbf{e}_1, \mathbf{e}_2, \cdots, \mathbf{e}_m$ を W_1 の，$\mathbf{e}_{m+1}, \cdots, \mathbf{e}_n$ を W_2 の基底となるようにできるのでこの基底で表した A の行列は

$$\begin{pmatrix} A_{11} & 0 \\ 0 & A_{21} \end{pmatrix},$$

となる．

これを行列 A の直和分解という．

例． 行列 A の相異なる二つの固有値に対する固有ベクトルは 1 次独立であった．とくに相異なる二つの固有値に対する固有空間の共通部分は 0 ベクトルのみである．いま $\dim V = n$ で，A の n 個の相異なる固有値

$$\lambda_1, \lambda_2, \cdots, \lambda_n, \quad \lambda_i \neq \lambda_j,$$

があったとすると，これらの n 個の固有ベクトル

$$\mathbf{v}_i, \quad i = 1, 2, \cdots, n; \qquad A\mathbf{v}_i = \lambda_i \mathbf{v}_i,$$

は V の基底となり，固有空間は

$$W_{\lambda_i} = \{a\mathbf{v}_i\,;\, a \in \mathbf{R}\}, \qquad 1 \leq i \leq n$$

となる．各 W_{λ_i} は A の不変部分空間となり，$\dim W_{\lambda_i} = 1$ で，V は $W_{\lambda_i}, 1 \leq i \leq n$ の直和に分解される:

$$V = W_{\lambda_1} \oplus W_{\lambda_2} \oplus \cdots \oplus W_{\lambda_n}.$$

基底を $\mathbf{v}_i, \quad i = 1, 2, \cdots, n$ に取れば A は

$$A = \begin{pmatrix} \lambda_1 & 0 & \cdots & 0 \\ 0 & \lambda_2 & \cdots & 0 \\ . & \cdots & \cdots & . \\ 0 & \cdots & \cdots & \lambda_n \end{pmatrix}$$

と対角成分が固有値となる対角行列に分解される．

線形代数=行列の理論において，行列を対角行列に変換する問題をしばしば扱う．あるいは対角化できないなら どの程度まで対角行列に近づけられるかを調べる．線形代数のほとんどの概念がそのために導入されると言ってもいいくらいである．

線形変換の性質を知るのが目的とすれば，行列の様子が完全にわかればよい，そのため簡単になればなるほどよい．あるいは (i,j) 成分が全部わかればよい(具体的に書いた行列の (i,j) 成分でなく一般な行列の (i,j) 成分がどのようなものであるかである)．もし対角化できれば (i,i) 成分しかなく，しかもそれは 1×1 行列 (=1 つの数) だからよくわかる．すると 1×1 行列を対角線の長さだけ集めたのもよくわかった気分になれる．

というわけで，上の例に見るように，ベクトル空間の直和分解，固有ベクトル，固有空間や，線形写像の対称（非対称）性，冪ゼロ性などがそのための重要な手段として導入される．

1.10.3 冪等行列

• [後に出る冪ゼロ行列と全くといっていいくらい関係ない．冪等行列は直和分解の別の見方である．混乱しないように.]

ベクトル空間 V の直和分解

$$V = W_1 \oplus W_2$$

が与えられたとしよう．$\forall \mathbf{v} \in V$ は

$$\mathbf{v} = \mathbf{w}_1 + \mathbf{w}_2, \qquad \mathbf{w}_1 \in W_1,\ \mathbf{w}_2 \in W_2$$

と一意的に書ける．$\mathbf{v}$ にその W_1 成分 $\mathbf{w}_1$ を対応させる写像 A は V の線形変換になる．

問. これを証明せよ．

このとき

$$A^2 = A \tag{1.55}$$

が成り立つ．実際

$$\mathbf{v} = \mathbf{w}_1 + \mathbf{w}_2, \qquad \mathbf{w}_1 \in W_1,\ \mathbf{w}_2 \in W_2$$

と分解され $A\mathbf{v} = \mathbf{w}_1$ である．次に $\mathbf{w}_1 \in W_1 \subset V$ を分解すると それは

$$\mathbf{w}_1 = \mathbf{w}_1 + \mathbf{0}, \qquad \mathbf{w}_1 \in W_1,\ \mathbf{0} \in W_2$$

であるから $A\mathbf{w}_1 = \mathbf{w}_1$ を意味する．ゆえに

$$A^2\mathbf{v} = A\,(A\mathbf{v}) = A\mathbf{w}_1 = \mathbf{w}_1 = A\mathbf{v}, \quad \forall\mathbf{v} \in V.$$

したがって $A^2 = A$.

逆に (1.55) を満たす線形変換 A に対して

$$W_1 = \{A\mathbf{x};\, \mathbf{x} \in V\}, \qquad W_2 = \{\mathbf{y};\, A\mathbf{y} = \mathbf{0}\}$$

と置くと，

$$V = W_1 \oplus W_2$$

と直和分解が得られる．実際 $\forall\mathbf{v} \in V$ に対して $\mathbf{w}_1 = A\mathbf{v}$, $\mathbf{w}_2 = \mathbf{v} - \mathbf{w}_1$ と置くと $A\mathbf{w}_2 = A\mathbf{v} - A\mathbf{w}_1 = A\mathbf{v} - A^2\mathbf{v} = \mathbf{0}$ より $\mathbf{w}_2 \in W_2$ で $\mathbf{v} = \mathbf{w}_1 + \mathbf{w}_2$ となる．$\mathbf{w}_2 = (E - A)\mathbf{v}$ とも書けて，

$$(E - A)^2 = E - A$$

となっている，すなわち $E - A$ も (1.55) を満たすことに注意しよう．

定義 37.

$A^2 = A$ を満たす線形変換，または行列を**冪等行列**という．

上に述べたことをまとめると

定理 38.

1. 冪等行列 A に対して

$$W_1 = \{A\mathbf{x};\, \mathbf{x} \in V\}, \qquad W_2 = \{\mathbf{y};\, A\mathbf{y} = 0\}$$

と置くと，

$$V = W_1 \oplus W_2$$

と直和分解が得られる．

2. ベクトル空間 V の直和分解

$$V = W_1 \oplus W_2$$

があるとき，ベクトル $\mathbf{v} \in V$ に $\mathbf{v}$ の直和分解; $\mathbf{v} = \mathbf{v}_1 + \mathbf{v}_2$ の W_i 成分 $\mathbf{v}_i$ を対応させる行列を A_i,

$$A_i\mathbf{v} = \mathbf{v}_i$$

とするとき A_i は冪等行列で，$A_1A_2 = 0$ となる．また $W_i = A_iV$ である．

この定理を次のように一般化しておこう.

定理 39.

1. ベクトル空間 V の直和分解

$$V = W_1 \oplus W_2 \oplus \cdots \oplus W_r$$

があるとき，ベクトル $\mathbf{v} \in V$ に $\mathbf{v}$ の直和分解; $\mathbf{v} = \mathbf{v}_1 + \mathbf{v}_2 + \cdots + \mathbf{v}_r$. の W_i 成分 $\mathbf{v}_i$ を対応させる行列を A_i,

$$A_i\mathbf{v} = \mathbf{v}_i,$$

とするとき A_i は冪等行列で，$i \neq j$ なら $A_iA_j = 0$. このとき

$$W_i = A_iV, \qquad A_1 + A_2 + \cdots + A_r = E.$$

2. $i \neq j$ に対して $A_iA_j = 0$, および $A_1 + A_2 + \cdots + A_r = E$ を満たす r 個の冪等行列 $A_1, \cdots, A_r$ が与えられたとき

$$W_i = A_iV = \{\mathbf{x} \in V; A_i\mathbf{x} = \mathbf{x}\}, \quad i = 1, 2, \cdots, r$$

と置くと V は $W_1, \cdots, W_r$ の直和に分解される.

問. この証明をきちんと書きなさい.

Chapter 2

計量ベクトル空間

1章ではベクトル空間を“対象”とし，ベクトル空間の間の線形写像を“射”とする範疇で問題となることを考えた．何を問題とするかは考える範疇からごく自然に定まるものもあるし，連立方程式のように歴史的事情や実際的な必要により取り上げられるものもある．ともかく,「ベクトル空間と線形写像」だけで他の構造を持ち込まずに済まされる（済まされねばならない）問題を徹底的に考えた．

2章では，さらに豊かな内容を求めて,「ベクトル空間と線形写像」に**距離**の概念を持ち込む．すなわち「距離と距離を変えない写像」の構造を「ベクトル空間と線形写像」に付け加える．1章のすべての主張は距離の概念と無関係だったことを認識しよう．

2.1　内積，正規直交基底

1.1.1節のベクトル空間の定義を思い起こそう．それは1.1.1節の条件1と2を満たす集合として定義された．

$V = (V, +, \cdot)$ をベクトル空間とする．

定義 40.

ベクトル空間 V が，条件1, 2に加えてさらに，次の条件3を満たすとき，V を計量ベクトル空間という：

3. V の任意の二つのベクトル $\mathbf{u}, \mathbf{v}$ に対して実数 $(\mathbf{u}, \mathbf{v})$ が定義され次の法則が成り立つ：

1. $$(\mathbf{u}_1 + \mathbf{u}_2, \mathbf{v}) = (\mathbf{u}_1, \mathbf{v}) + (\mathbf{u}_2, \mathbf{v}),$$

2. $$(c\mathbf{u}, \mathbf{v}) = c(\mathbf{u}, \mathbf{v}), \quad \forall c \in \mathbf{R},$$

3. $$(\mathbf{u}, \mathbf{v}) = (\mathbf{v}, \mathbf{u}),$$

4. $(\mathbf{v}, \mathbf{v}) \geq 0,$　　等号が成立するのは $\mathbf{v} = 0$ のときのみ．

実数 $(\mathbf{u}, \mathbf{v})$ をベクトル $\mathbf{u}$ と $\mathbf{v}$ の**内積**という．

$\dim V = n$ として V の基底 $\mathbf{e}_1, \mathbf{e}_2, \cdots, \mathbf{e}_n$ を一つ定めるとき

$$g_{ij} = (\mathbf{e}_i, \mathbf{e}_j), \qquad i = 1, \cdots, n,\ j = 1, \cdots, n,$$

により n^2 個の実数が定まる．これを並べた $n \times n$ 行列

$$G = \begin{pmatrix} g_{11} & g_{12} & \cdots & g_{1n} \\ g_{21} & g_{22} & \cdots & g_{2n} \\ \cdot & \cdot & \cdots & \cdot \\ g_{n1} & g_{n2} & \cdots & g_{nn} \end{pmatrix}$$

を（基底 $\mathbf{e}_1, \mathbf{e}_2, \cdots \mathbf{e}_n$ に対する）内積行列という．

内積 $(\mathbf{u}, \mathbf{v})$ は（基底 $\mathbf{e}_1, \mathbf{e}_2, \cdots, \mathbf{e}_n$ で表すとき）

$$\begin{aligned}(\mathbf{u}, \mathbf{v}) &= \sum_{i,j} g_{ij} u_i v_j \\ &= g_{11}u_1v_1 + g_{12}u_1v_2 + \cdots + g_{1n}u_1v_n + g_{21}u_2v_1 + \cdots + g_{2n}u_2v_n + \cdots \\ &\quad \cdots + g_{n1}u_nv_1 + \cdots + g_{nn}u_nv_n\end{aligned}$$

となる．ここに，$\mathbf{u} = u_1\mathbf{e}_1 + \cdots + u_n\mathbf{e}_n$, $\mathbf{v} = v_1\mathbf{e}_1 + \cdots + v_n\mathbf{e}_n$.

問． この式を証明せよ．

● 記号：

$$||\mathbf{v}|| = ((\mathbf{v}, \mathbf{v}))^{1/2}.$$

$||\mathbf{v}||$ をベクトル $\mathbf{v}$ の長さという．

問．

$$(\mathbf{u}, \mathbf{v}) = \frac{1}{2}\left(||\mathbf{u} + \mathbf{v}||^2 - ||\mathbf{u}||^2 - ||\mathbf{v}||^2\right).$$

定義 41.

1. 二つのベクトル $\mathbf{u}, \mathbf{v}$ は $(\mathbf{u}, \mathbf{v}) = 0$ のとき**直交**するという．

2. 基底 $\mathbf{e}_1, \mathbf{e}_2, \cdots, \mathbf{e}_n$ が

$$g_{ij} = (\mathbf{e}_i, \mathbf{e}_j) = 0, \qquad i \neq j$$

を満たすとき，**直交基底**といい，さらに

$$g_{ii} = (\mathbf{e}_i, \mathbf{e}_i) = 1, \quad 1 \leq i \leq n,$$

となるとき**正規直交基底**という．

正規直交基底で表すとき内積 $(\mathbf{u}, \mathbf{v})$ は

$$(\mathbf{u}, \mathbf{v}) = u_1v_1 + u_2v_2 + \cdots + u_nv_n.$$

問. r 個の長さが 0 でないベクトル $\mathbf{b}_1, \mathbf{b}_2, \cdots, \mathbf{b}_r$ が互いに直交するならば $\mathbf{b}_1, \mathbf{b}_2, \cdots, \mathbf{b}_r$ は 1 次独立であることを証明せよ．

定理 42 (Gram–Schmidt の直交化法)**.**
n 次元ベクトル空間には正規直交基底が選べる．

証明. 帰納法により構成していく．$\mathbf{a}_1, \mathbf{a}_2, \cdots, \mathbf{a}_n$ を V の一つの基底とする．$\mathbf{a}_1 \neq 0$ である．

$$\mathbf{e}_1 = \frac{\mathbf{a}_1}{||\mathbf{a}_1||}$$

と置く．$||\mathbf{e}_1|| = 1$ である．$\mathbf{a}_2' = \mathbf{a}_2 - (\mathbf{a}_2, \mathbf{e}_1)\,\mathbf{e}_1$ と置くと，$(\mathbf{a}_2', \mathbf{e}_1) = 0$ である．また

$$\mathbf{e}_2 = \frac{\mathbf{a}_2'}{||\mathbf{a}_2'||}$$

として，$(\mathbf{e}_2, \mathbf{e}_1) = 0, ||\mathbf{e}_2|| = 1$ がわかる．このようにして続けて，長さが 1 で直交する $k-1$ 個の 1 次独立なベクトル $\mathbf{e}_1, \mathbf{e}_2, \cdots, \mathbf{e}_{k-1}$ が得られたとする．

$$\mathbf{a}_k' = \mathbf{a}_k - \sum_{i=1}^{k-1} (\mathbf{a}_k, \mathbf{e}_i)\,\mathbf{e}_i$$

と置くと

$$(\mathbf{a}_k', \mathbf{e}_j) = 0, \quad 1 \leq \forall j \leq k-1.$$

さらに

$$\mathbf{e}_k = \frac{\mathbf{a}_k'}{||\mathbf{a}_k'||}$$

とすると

$$||\mathbf{e}_k|| = 1, \quad (\mathbf{e}_i, \mathbf{e}_j) = 0, \quad 1 \leq \forall i \neq \forall j \leq k.$$

すなわち，直交する k 個の長さが 1 の 1 次独立なベクトル $\mathbf{e}_1, \mathbf{e}_2, \cdots, \mathbf{e}_k$ が得られた．こうして得られる $\mathbf{e}_1, \mathbf{e}_2, \cdots, \mathbf{e}_n$ が正規直交基底になる． □

定理 43.

内積の定義されたベクトル空間 $(V, (\ ,\ ))$ の双対空間，dual V^* は V 自身である．すなわち V^* と V とは線形同型なベクトル空間である．

証明. V の内積を $(\mathbf{u}, \mathbf{v})$, $\mathbf{u}, \mathbf{v} \in V$, とする．$V$ の正規直交基底を一つ取り $\mathbf{e}_1, \mathbf{e}_2, \cdots, \mathbf{e}_n$ とする．任意のベクトル $\mathbf{v} \in V$ は $\mathbf{v} = \sum_i v_i \mathbf{e}_i$ と書けて $v_i = (\mathbf{v}, \mathbf{e}_i)$ である．V のベクトル $\mathbf{u}$ を任意に与えるとき，ベクトル $\mathbf{u}$ が双対空間 V^* の一つの元，すなわち V 上の一つの線形写像を定めることを見よう．$\mathbf{u} \in V$ に対して 写像 $f_{\mathbf{u}} : V \longmapsto \mathbf{R}$ を

$$V \ni \mathbf{v} \longmapsto f_{\mathbf{u}}(\mathbf{v}) = (\mathbf{v}, \mathbf{u})$$

で定義すると

$$f_{\mathbf{u}}(a\mathbf{v}_1 + b\mathbf{v}_2) = af_{\mathbf{u}}(\mathbf{v}_1) + bf_{\mathbf{u}}(\mathbf{v}_2)$$

を満たすから $f_{\mathbf{u}} \in V^*$．対応

$$V \ni \mathbf{u} \longmapsto f_{\mathbf{u}} \in V^*$$

は 1 対 1 である．実際 $f_{\mathbf{u}} = 0$，すなわち任意の $\mathbf{v} \in V$ に対して $f_{\mathbf{u}}(\mathbf{v}) = 0$ なら，$f_{\mathbf{u}}$ の定義より任意の $\mathbf{v} \in V$ に対して $(\mathbf{v}, \mathbf{u}) = 0$．とくに $(\mathbf{u}, \mathbf{u}) = 0$ だから内積の条件 (3) より $\mathbf{u} = 0$．次に，対応

$$V \ni \mathbf{u} \longmapsto f_{\mathbf{u}} \in V^*$$

が上への対応，すなわち任意の $f \in V^*$ に対してある $\mathbf{u} \in V$ が存在して $f = f_{\mathbf{u}} \in V^*$ となることを見よう．$f \in V^*$ が与えられたとき $u_i = f(\mathbf{e}_i)$, $i = 1, 2, \cdots, n$ により $u_i \in \mathbf{R}$ を定め $\mathbf{u} = \sum_i u_i \mathbf{e}_i \in V$ とする．$f = f_{\mathbf{u}}$ を示そう．任意の $\mathbf{v} = \sum_i v_i \mathbf{e}_i \in V$, $v_i = (\mathbf{v}, \mathbf{e}_i)$ に対して

$$\begin{aligned} f_{\mathbf{u}}(\mathbf{v}) = (\mathbf{v}, \mathbf{u}) &= \sum_i u_i\,(\mathbf{v}, \mathbf{e}_i) = \sum_i f(\mathbf{e}_i)\,(\mathbf{v}, \mathbf{e}_i) \\ &= \sum_i v_i f(\mathbf{e}_i) = f(\sum_i v_i \mathbf{e}_i) = f(\mathbf{v}). \end{aligned}$$

ゆえに $f = f_{\mathbf{u}}$．以上で対応 $V \ni \mathbf{u} \longmapsto f_{\mathbf{u}} \in V^*$ が全単射であることがわかった．この対応が線形同型であること

$$f_{a\mathbf{u}+b\mathbf{v}} = af_{\mathbf{u}} + bf_{\mathbf{v}} \quad \forall a, b \in \mathbf{R},\ \forall \mathbf{u}, \mathbf{v} \in V,$$

は内積の線形性からわかる:

$$f_{a\mathbf{u}+b\mathbf{v}}(\mathbf{w}) = (\mathbf{w}, a\mathbf{u} + b\mathbf{v}) = a(\mathbf{w}, \mathbf{u}) + b(\mathbf{w}, \mathbf{v}) = af_{\mathbf{u}}(\mathbf{w}) + bf_{\mathbf{v}}(\mathbf{w}).$$

□

注意. この証明法は V が有限次元ベクトル空間でないと成り立たない．このテキストでは有限次元ベクトル空間の場合しか述べないが，無限次元ベクトル空間にしても成り立つ命題も多い．

疑問？ 定理 32 で見たように n 次元ベクトル空間 V の双対空間 V^* も n 次元ベクトル空間である．また定理 7 で説明したように 二つの次元の等しいベクトル空間は線形同型である．したがって定理 43 はこのような証明をしなくてもすでにわかっているのでは！

まったく正しい主張です．
したがって，定理 43 の最後の部分は次のように言った方が正確です．

定理 44.
内積 $(\ ,\ )$ から**自然 (標準的，canonical) に定まる**対応

$$V \ni \mathbf{u} \longmapsto f_{\mathbf{u}} = (\,\cdot\,, \mathbf{u}\,) \in V^* \tag{2.1}$$

により V と V^* は線形同型になる．

この canonical な対応は大変有用な概念である．
$(V, (\ ,\ ))$ において (1.42) の記号を使えば

$$\langle f_{\mathbf{v}} \,|\, \mathbf{u} \rangle \ = \ (\mathbf{u}, \mathbf{v}).$$

このほうがわかった気分になる．

内積空間 $(V, (\ ,\ )_V), (W, (\ ,\ )_W)$ の双対 V^*, W^* は V, W 自身と同一視されることを見た：

$$V \ni \mathbf{v} \longleftrightarrow f = f_{\mathbf{v}} \in V^*, \qquad \langle\, f | \, \mathbf{u}\, \rangle = (\mathbf{v}, \mathbf{u})_V.$$

$$W \ni \mathbf{x} \longleftrightarrow g = g_{\mathbf{x}} \in W^*, \qquad \langle\, g | \, \mathbf{y}\, \rangle = (\mathbf{x}, \mathbf{y})_W.$$

内積空間 においては，1 章の最後に述べた $A : V \longmapsto W$ の共役写像 A^* が転置行列 ${}^tA$ で与えられる，(1.43) および (1.47) を見よ．実際

$$\mathbf{x} \in W \iff g_{\mathbf{x}} \in W^*,$$

$$A^* g_{\mathbf{x}} \in V^* \iff {}^t A\mathbf{x} \in V$$

と対応しているが，この対応の式：$\langle A^* f | \mathbf{v} \rangle = \langle f | A\mathbf{v} \rangle$ を書いてみると

$$({}^t A\mathbf{x},\, \mathbf{v})_V = (\mathbf{x},\, A\mathbf{v})_W \tag{2.2}$$

となる．

問. (2.2) を証明せよ．$V = W$ の場合はもっと簡単に

$$({}^t A\mathbf{u}, \mathbf{v}) = (\mathbf{u}, A\mathbf{v}), \qquad \mathbf{u}, \mathbf{v} \in V. \tag{2.3}$$

問. $n \times n$ 行列 A の固有値と転置行列 ${}^t A$ の固有値は等しいことを証明せよ．

2.2　内積を変えない線形変換＝直交行列

$(V, (\,,\,))$ を計量ベクトル空間，すなわち内積 $(\,,\,)$ の与えられたベクトル空間としよう．

線形変換 $f : V \longmapsto V$ が**内積を変えない線形変換**であるとは，任意のベクトル $\mathbf{u}, \mathbf{v} \in V$ に対して

$$(f(\mathbf{u}), f(\mathbf{v})) = (\mathbf{u}, \mathbf{v}) \tag{2.4}$$

を満たすことである．

V の正規直交基底を一つ取り $\mathbf{e}_1, \mathbf{e}_2, \cdots, \mathbf{e}_n$ とする．基底 $\{\mathbf{e}_1, \mathbf{e}_2, \cdots, \mathbf{e}_n\}$ により線形変換 f を表す行列を

$$A = \begin{pmatrix} a_{11} & \cdots & a_{1n} \\ a_{21} & \cdots & \cdot \\ \cdot & \cdots & \cdot \\ a_{n1} & \cdots & a_{nn} \end{pmatrix}$$

としよう:

$$f(\mathbf{e}_1, \mathbf{e}_2, \cdots, \mathbf{e}_n) = (\mathbf{e}_1, \mathbf{e}_2, \cdots, \mathbf{e}_n) \begin{pmatrix} a_{11} & \cdots & a_{1n} \\ a_{21} & \cdots & \cdot \\ \cdot & \cdots & \cdot \\ a_{n1} & \cdots & a_{nn} \end{pmatrix}.$$

前にも注意したように左辺は $\{f(\mathbf{e}_1), f(\mathbf{e}_2), \cdots, f(\mathbf{e}_n)\}$ を略記したものである．

f が内積を変えない線形変換であれば,

$$(f(\mathbf{e}_i), f(\mathbf{e}_j)) = (\mathbf{e}_i, \mathbf{e}_j) = \delta_{ij}.$$

したがって $\{f(\mathbf{e}_1), f(\mathbf{e}_2), \cdots, f(\mathbf{e}_n)\}$ も V の正規直交基底になる. $f(\mathbf{e}_j) = \sum_i a_{ij}\mathbf{e}_i$ だから

$$\begin{aligned}\delta_{jk} = (f(\mathbf{e}_j), f(\mathbf{e}_k)) &= \Big(\sum_i a_{ij}\mathbf{e}_i, \sum_l a_{lk}\mathbf{e}_l\Big) \\ &= \sum a_{ij}a_{lk}(\mathbf{e}_i, \mathbf{e}_l) = \sum_i a_{ij}a_{ik}\end{aligned}$$

となる. この右辺は行列 ${}^tA\,A$ の (j,k) 成分である. ただし ${}^tA$ は A の行と列を入れ替えた転置行列

$${}^tA = \begin{pmatrix} a_{11} & \cdots & a_{n1} \\ a_{12} & \cdots & \cdot \\ \cdot & \cdots & \cdot \\ a_{1n} & \cdots & a_{nn} \end{pmatrix}$$

である. ${}^tA\,A$ の (j,k) 成分が $j=k$ のとき 1, $j \neq k$ のとき 0 というのだから

$${}^tA\,A = E \tag{2.5}$$

である. ここに E は単位行列.

条件 (2.5) を満たす実正方行列を**直交行列**という.

直交行列 A の行列式は, 条件 (2.5) より $|A|^2 = |{}^tA|\,|A| = |{}^tA\,A| = |E| = 1$ だから

$$|A| = \pm 1 \tag{2.6}$$

となる.

逆に, 直交行列に対応する 1 次変換

$$f : V \ni \mathbf{v} \longmapsto A\mathbf{v}$$

は内積を変えない:

実際

$$(f(\mathbf{u}), f(\mathbf{v})) = (A\mathbf{u}, A\mathbf{v}) = (\mathbf{u}, {}^tA\,A\mathbf{v}) = (\mathbf{u}, \mathbf{v}).$$

内積を変えない 1 次変換を**直交変換**という.

問.　A を直交行列とし,

$$\boldsymbol{\Delta} = \begin{pmatrix} \Delta_{11} & \cdots & \Delta_{1m} \\ \Delta_{21} & \cdots & \Delta_{2m} \\ \cdot & \cdots & \cdot \\ \Delta_{m1} & \cdots & \Delta_{mm} \end{pmatrix}$$

を A の余因子行列 (1.21) とするとき,

$$\boldsymbol{\Delta} = A, \qquad |A| = 1 \text{ のとき},$$

$$\boldsymbol{\Delta} = -A, \qquad |A| = -1 \text{ のとき}$$

であることを示せ. すなわち Δ_{ij} を A の (i,j)–余因子とするとき

$$\Delta_{ij} = \begin{cases} a_{ij}, & |A| = 1 \text{ のとき}, \\ -a_{ij}, & |A| = -1 \text{ のとき} \end{cases}$$

となる.

命題 45.

A を $n \times n$ 直交行列 とする.

1.　$|A| = -1$ なら -1 は A の固有値になる.

2.　n が奇数のとき $|A| = 1$ なら 1 は A の固有値になる.

証明.　まず (2.6) より $|A| = \pm 1$ に注意しよう. 固有多項式 $P_A(x) = |xE - A|$ を次のように変形する.

$$|\, xE - A \,| = |\, x\,{}^tAA - A \,| = |\, x\,{}^tA - E \,|\,|A\,|$$

$|A| = -1$ なら

$$\text{右辺} = -\,|\, x\,{}^tA - E \,| = -|{}^t(\, xA - E\,)\,| = -|\, xA - E \,|$$

$$= -\,x^n|\, A - \frac{1}{x}E \,| = -(-x)^n|\, \frac{1}{x}E - A \,|.$$

ゆえに

$$P_A(x) = -(-x)^n P_A\left(\frac{1}{x}\right).$$

ここで $x=-1$ とすると $P_A(-1)=-P_A(-1)$, すなわち $P_A(-1)=0$ だから -1 は固有値. 同様に $|A|=1$ のときは

$$P_A(x)=(-x)^n P_A\left(\frac{1}{x}\right)$$

となるから, n が奇数なら $P_A(1)=-P_A(1)$, すなわち $P_A(1)=0$ だから 1 が固有値. □

直交行列にはどんなものがあるかを見よう.

- (i)

$|A|=1$ のとき A を**回転** という.

例えば, 内積ベクトル空間 $(\mathbf{R}^2, (\mathbf{x},\mathbf{y})=x_1y_1+x_2y_2)$ の直交行列 A は原点を中心とするある角度 θ の回転である. すなわち

$$A=\begin{pmatrix}\cos\theta & -\sin\theta \\ \sin\theta & \cos\theta\end{pmatrix} \tag{2.7}$$

となる. 実際, 直交行列を $A=\begin{pmatrix} a & b \\ c & d\end{pmatrix}$ とすると ${}^tAA=E$ より

$$a^2+c^2=1, \quad ab+cd=0, \quad b^2+d^2=1,$$

これより $a=\cos\theta, c=\sin\theta, b=-\sin\theta, d=\cos\theta$ となる θ がある.

内積ベクトル空間 $(\mathbf{R}^n, (\mathbf{x},\mathbf{y})=\sum_{i=1}^n x_iy_i)$ の行列式が 1 となる直交行列もこのように回転を表すことがわかる.

命題 45 より奇数次元の空間の回転は固有値 1 を持つから, この回転で不変なベクトルがある. このベクトルを含む直線が**回転軸**である (図 2.1).

例. 直交行列

$$A=\begin{pmatrix}\cos\theta & -\sin\theta & 0 \\ \sin\theta & \cos\theta & 0 \\ 0 & 0 & 1\end{pmatrix} \tag{2.8}$$

は z 軸の周りを θ 度 回転する直交変換である.

$$A\begin{pmatrix}0\\0\\z\end{pmatrix}=\begin{pmatrix}0\\0\\z\end{pmatrix}.$$

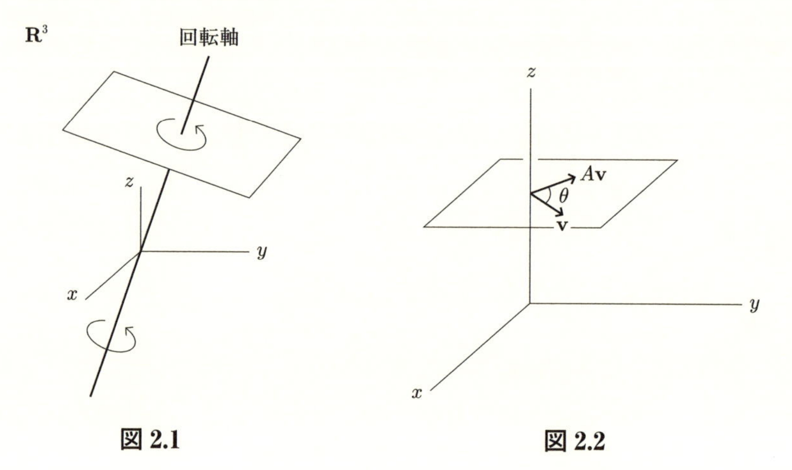

図 2.1　　　　図 2.2

- (ii)

$(\mathbf{R}^n, (\mathbf{x}, \mathbf{y}) = \sum_{i=1}^{n} x_i y_i)$ の固定したベクトルを $\mathbf{v} = \begin{pmatrix} v_1 \\ \cdot \\ \cdot \\ v_n \end{pmatrix}$ として，$\mathbf{v}$ に垂直な平面に関する**鏡映**を表す直交行列

$$A = \left(\delta_{ij} - 2\frac{v_i v_j}{||\mathbf{v}||} \quad \begin{matrix} i & : & 1 \downarrow n \\ j & : & 1 \longmapsto n \end{matrix} \right) \tag{2.9}$$

を考えよう．ていねいに書けば，

$$A = \begin{pmatrix} 1 - 2\frac{v_1^2}{||\mathbf{v}||} & -2\frac{v_1 v_2}{||\mathbf{v}||} & \cdots & \cdots & -2\frac{v_1 v_n}{||\mathbf{v}||} \\ -2\frac{v_2 v_1}{||\mathbf{v}||} & 1 - 2\frac{v_2^2}{||\mathbf{v}||} & \cdots & \cdots & \cdots \\ \cdots & \cdots & \cdots & \cdots & -2\frac{v_{n-1} v_n}{||\mathbf{v}||} \\ \cdots & \cdots & \cdots & -2\frac{v_n v_{n-1}}{||\mathbf{v}||} & 1 - 2\frac{v_n^2}{||\mathbf{v}||} \end{pmatrix}.$$

たとえば $\mathbf{R}^3$ 内で，$x - y$ 平面に関する鏡映だと，$\mathbf{v} = \begin{pmatrix} 0 \\ 0 \\ 1 \end{pmatrix}$ として

$$\begin{pmatrix} 1 & 0 & 0 \\ 0 & 1 & 0 \\ 0 & 0 & -1 \end{pmatrix}.$$

鏡映を表す行列の行列式は -1 になる.

命題 45 より鏡映は固有値 -1 を持っているから, この鏡映で反対方向を向くベクトルがある. このベクトルの直交補空間 (次節) が鏡映面である.

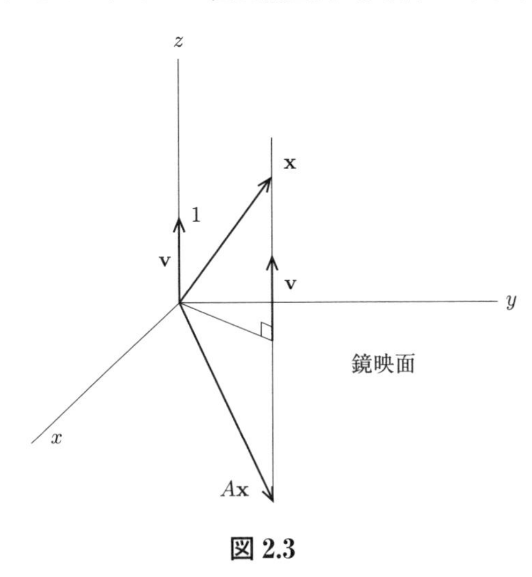

図 2.3

問. (2.9) の行列が直交行列であることとその行列式が -1 であることを確かめよ.

問. 行列

$$\begin{pmatrix} 1 & 0 & 0 \\ 0 & 1 & 0 \\ 0 & 0 & -1 \end{pmatrix}.$$

の固有値を求めよ. また鏡映 (2.9) の固有値を求めよ.

• (iii)

正規直交基底 $\mathbf{e}_1, \mathbf{e}_2, \cdots, \mathbf{e}_n$ を正規直交基底 $\mathbf{e}'_1, \mathbf{e}'_2, \cdots, \mathbf{e}'_n$ に変換する基底変換の行列

$$T = \begin{pmatrix} t_{11} & \cdots & t_{1n} \\ t_{21} & \cdots & \cdot \\ \cdot & \cdots & \cdot \\ t_{n1} & \cdots & t_{nn} \end{pmatrix}$$

は直交行列になる．実際，基底変換は

$$(\mathbf{e}_1, \mathbf{e}_2, \cdots \mathbf{e}_n)T = (\mathbf{e}'_1, \mathbf{e}'_2, \cdots \mathbf{e}'_n)$$

だから $\mathbf{e}'_j = \sum_{i=1}^n t_{ij}\mathbf{e}_i$, $j = 1, \cdots, n$. ゆえに

$$(\mathbf{e}'_j, \mathbf{e}'_k) = \left(\sum_{i=1}^n t_{ij}\mathbf{e}_i, \sum_{h=1}^n t_{hk}\mathbf{e}_h\right) = \sum_{i=1}^n \sum_{h=1}^n t_{ij}t_{hk}(\mathbf{e}_i, \mathbf{e}_h) = \sum_{i=1}^n t_{ij}t_{ik}$$

左辺は $k = j$ のとき 1, $k \neq j$ のとき 0 で，右辺は行列 ${}^tTT$ の (j, k) 成分だから ${}^tTT = E$, すなわち T は直交行列になる．

2.3　直交補空間，射影

1 章，定理 8 あるいはその証明と Gram–Schmidt の直交化法（定理 42）とを組み合わせて次の定理がわかる．

定理 46.

W をベクトル空間 V の k 次元部分空間とし，V の r 個の正規直交ベクトル $\mathbf{e}_1, \mathbf{e}_2, \cdots, \mathbf{e}_r$ が W に含まれるとする，$0 \leq r \leq k \leq \dim V$. このとき V の $k-r$ 個の正規直交ベクトル $\mathbf{e}_{r+1}, \mathbf{e}_{r+2}, \cdots, \mathbf{e}_k$ を選び

$$\mathbf{e}_1, \mathbf{e}_2, \cdots, \mathbf{e}_r, \mathbf{e}_{r+1}, \mathbf{e}_{r+2}, \cdots, \mathbf{e}_k$$

が W の正規直交基底となるようにできる．

問.　この定理の証明を書いてみよ．

内積空間 $(V, (\ ,\ ))$ の部分ベクトル空間 W に対して

$$W^{\perp} = \{\mathbf{x} \in V;\ (\mathbf{x}, \mathbf{w}) = 0, \quad \forall \mathbf{w} \in W\} \tag{2.10}$$

は V の部分ベクトル空間になる．

問.　これを証明せよ．

$W^{\perp}$ を W の**直交補空間**という．

命題 47.

ベクトル空間 V の部分空間 W に対し その直交補空間を $W^{\perp}$ とするとき，V は W と $W^{\perp}$ の直和になる：

$$V = W + W^{\perp}, \qquad W \cap W^{\perp} = 0.$$

したがって

$$\dim W^{\perp} = \dim V - \dim W.$$

証明.　$\mathbf{v} \in W \cap W^{\perp}$ とすると $W^{\perp}$ の定義と $\mathbf{v} \in W$ より $(\mathbf{v}, \mathbf{v}) = 0$. 2.1 節，内積の条件 4 より $\mathbf{v} = 0$. ゆえに $W \cap W^{\perp} = 0$.

次に $\forall \mathbf{v} \in V$ が ある $\mathbf{w} \in W$ と $\mathbf{x} \in W^{\perp}$ により $\mathbf{v} = \mathbf{w} + \mathbf{x}$ と書けることを見よう．$\dim W = r$ として W の正規直交基底 $\{\mathbf{e}_1, \cdots, \mathbf{e}_r\}$ を取る．$c_i = (\mathbf{v}, \mathbf{e}_i)$, $i = 1, 2, \cdots, r$, として $\mathbf{w} = c_1\mathbf{e}_1 + \cdots + c_r\mathbf{e}_r$ と置くと $\mathbf{w} \in W$ である．$\mathbf{x} = \mathbf{v} - \mathbf{w}$ とすると，$(\mathbf{x}, \mathbf{e}_i) = (\mathbf{v}, \mathbf{e}_i) - (\mathbf{w}, \mathbf{e}_i) = c_i - c_i = 0$ だから，任意の $\mathbf{u} = a_1\mathbf{e}_1 + \cdots + a_r\mathbf{e}_r \in W$ に対して $(\mathbf{x}, \mathbf{u}) = \sum a_i(\mathbf{x}, \mathbf{e}_i) = 0$ となり $\mathbf{x} \in W^{\perp}$. ゆえに，$\forall \mathbf{v} \in V$ は $\mathbf{w} \in W$ と $\mathbf{x} \in W^{\perp}$ により $\mathbf{v} = \mathbf{w} + \mathbf{x}$ と書けることがわかった．定理 10 と $W \cap W^{\perp} = 0$ なることより $\dim W^{\perp} = \dim V - \dim W$. □

注意.　1 章の定義 11 で 二つの部分ベクトル空間の**直和**を定義したように直和は内積のないベクトル空間に対しても定義される．また内積空間の部分ベクトル空間の直和でも一方が他方の直交補空間であるとはかぎらない．18 ページ，定義 11 の下の例における $E \equiv \mathbf{R}^2 = V_1 \oplus V_2$ では，V_2 は V_1 と直交していない．

問.　W を内積空間 $(V, (\ ,\ ))$ の部分空間とするとき

$$(W^{\perp})^{\perp} = W$$

を示せ．

ヒント：　まず $(W^{\perp})^{\perp} \supset W$ を示し，$\dim(W^{\perp})^{\perp} = \dim W$ を示すことにより $(W^{\perp})^{\perp} = W$.

問.　V と双対 V^* の間の自然な同型 (2.1) により W の直交補空間 $W^{\perp} \subset V$ は，1.9.4 節の W の annihilator $W^o \subset V^*$ と線形同型に対応している：

$$W^{\perp} \overset{\text{線形}}{\simeq} W^o.$$

内積空間 $(V, (\ ,\ ))$ の部分空間 W に対し，$W^{\perp}$ を W の直交補空間として

$$V = W + W^{\perp}$$

と直和に分解された．$\mathbf{v} \in V$ は $\mathbf{v} = \mathbf{w} + \mathbf{x}$, $\mathbf{w} \in W$, $\mathbf{x} \in W^{\perp}$ と書けて，$\mathbf{w} \in W$, $\mathbf{x} \in W^{\perp}$ は $\mathbf{v}$ により一意的に定まる．

$\mathbf{v}$ にその W 空間の成分 $\mathbf{w} \in W$ を対応させる写像 を，部分空間 W への**射影**（あるいは**直交射影**）という．

問． 射影は線形写像であることを示せ．

部分空間 W への**射影**を

$$P : V \longmapsto W$$

と書くとき

$$P^2 = P, \qquad {}^tP = P \tag{2.11}$$

が成り立つ（ここで線形写像 P は V のある基底に関する行列として書いている）．

実際，まず $\mathbf{w} \in W$ に対して $P\mathbf{w} = \mathbf{w}$ であることに注意しよう．これより $P^2 = P$ がわかる．$\mathbf{u}, \mathbf{v} \in V$ を

$$\mathbf{u} = \mathbf{w} + \mathbf{x}, \quad \mathbf{v} = \mathbf{z} + \mathbf{y}, \qquad \mathbf{w}, \mathbf{z} \in W, \quad \mathbf{x}, \mathbf{y} \in W^{\perp}$$

と分解する．$P\mathbf{u} = \mathbf{w}$, $P\mathbf{v} = \mathbf{z}$ である．$(\mathbf{w}, \mathbf{y}) = 0$, $(\mathbf{x}, \mathbf{z}) = 0$ だから

$$(P\mathbf{u}, \mathbf{v}) = (\mathbf{w}, \mathbf{v}) = (\mathbf{w}, \mathbf{z}) = (\mathbf{u}, \mathbf{z}) = (\mathbf{u}, P\mathbf{v}).$$

転置行列の定義より $(\mathbf{u}, P\mathbf{v}) = ({}^tP\mathbf{u}, \mathbf{v})$ だから $\forall \mathbf{u}, \mathbf{v} \in V$ に対して $(P\mathbf{u}, \mathbf{v}) = ({}^tP\mathbf{u}, \mathbf{v})$ がわかった．ゆえに $P = {}^tP$．　□

注意． 直交射影は直交行列ではない．

問． これを確認せよ．

逆に (2.11) を満たす行列 A:

$$A^2 = A, \quad {}^tA = A, \tag{2.12}$$

があれば A はある部分空間への射影になる．

実際

$$W = \{\mathbf{w} \in V; \quad A\mathbf{w} = \mathbf{w}\}$$

と置くと

$$W^{\perp} = \{\mathbf{x} \in V; \quad A\mathbf{x} = \mathbf{0}\}$$

となることに注意しよう．なぜなら $\forall \mathbf{w} \in W$ に対して

$$(\mathbf{x}, \mathbf{w}) = (\mathbf{x}, A\mathbf{w}) = ({}^t A\mathbf{x}, \mathbf{w}) = (A\mathbf{x}, \mathbf{w})$$

だから $A\mathbf{x} = 0 \Longleftrightarrow \mathbf{x} \in W^{\perp}$．さて，任意の $\mathbf{v} \in V$ を $\mathbf{v} = \mathbf{w} + \mathbf{x}$, $\mathbf{w} \in W$, $\mathbf{x} \in W^{\perp}$, と分解すると $A\mathbf{v} = A\mathbf{w} + A\mathbf{x} = \mathbf{w} + \mathbf{0} = \mathbf{w}$．ゆえに A は W への射影になる．

問． $A : V \longmapsto W$ を部分空間 W への射影，また $B : V \longmapsto W^{\perp}$ を部分空間 $W^{\perp}$ への射影とすると

$$AB = BA = 0$$

となる．

注意． 射影は冪等な対称変換である（冪等変換は 1.10.3 節で述べた．対称変換の定義は次の節で述べる）．

V の正規直交基底を $\mathbf{e}_1, \mathbf{e}_2, \cdots, \mathbf{e}_n$ とする．いま，$\mathbf{e}_1, \mathbf{e}_2, \cdots, \mathbf{e}_r$, $r < n$, が部分空間 W の正規直交基底であるとして，W への射影 $P : V \longmapsto W$ の行列表示を求めておこう．

$$V \ni \mathbf{v} \longmapsto \sum_{i=1}^{r} (\mathbf{v}, \mathbf{e}_i)\, \mathbf{e}_i \in W$$

が W への射影であるから

$$P\mathbf{e}_i = \mathbf{e}_i, \quad 1 \leq i \leq r, \qquad P\mathbf{e}_i = \mathbf{0}, \quad r+1 \leq i \leq n.$$

ゆえに

$$P = (r) \begin{pmatrix} 1 & 0 & \cdots & 0 & 0 \\ 0 & 1 & \cdots & 0 & 0 \\ \cdots & \cdots & \cdots & \cdots & \cdots \\ \cdots & \cdots & 1 & \cdots & 0 \\ 0 & \cdots & \cdots & \cdots & 0 \\ 0 & 0 & \cdots & 0 & 0 \end{pmatrix} \tag{2.13}$$

左上 $r \times r$ に単位行列があり，あとの元は 0.

2.4　対称行列，2次形式

2.4.1　対称行列

内積ベクトル空間 $(V, (\ ,\ ))$ の線形変換 $A : V \longmapsto V$ が

$$(A\mathbf{u}, \mathbf{v}) = (\mathbf{u}, A\mathbf{v}), \qquad \mathbf{u}, \mathbf{v} \in V \tag{2.14}$$

を満足するとき A を**対称変換**という．V の正規直交基底 $\mathbf{e}_1, \mathbf{e}_2, \cdots, \mathbf{e}_n$ を一つ選び，A を行列で表して

$$A = \begin{pmatrix} a_{11} & \cdots & a_{1n} \\ a_{21} & \cdots & \cdot \\ \cdot & \cdots & \cdot \\ a_{n1} & \cdots & a_{nn} \end{pmatrix}$$

とするとき，A は**対称行列**となる．すなわち

$$a_{ij} = a_{ji}, \qquad i, j = 1, 2, \cdots, n.$$

なぜなら，$a_{ij} = (\mathbf{e}_i, A\mathbf{e}_j) = (A\mathbf{e}_i, \mathbf{e}_j) = a_{ji}$.

A の転置行列を ${}^tA$ とする：

$$({}^tA\mathbf{u}, \mathbf{v}) = (\mathbf{u}, A\mathbf{v})$$

であるから，A が対称行列ということは

$$A = {}^tA$$

と同じである．

問.　任意の $n \times n$ 行列 A に対して 行列 ${}^tAA$ および A^tA は対称行列になる．

2.4.2　対称行列の対角化

準備.

- まず 1.10 節，“行列の固有値，固有ベクトル，直和分解” を復習せよ．

命題 48.

対称行列は（重複も許して）n 個の実固有値を持つ．

• はじめて線形代数を学習する人にとっては，ここの証明はまず 4 章まで進んで，そのあとで戻ってきて読むことを勧める．

この証明は**複素ベクトル空間**で考えると簡単である．

n 次元複素ベクトル空間では（複素）線形変換 B の固有多項式 $P_B(t)$ は必ず n 個の複素根を持つから，B は n 個の固有値を持つ．また複素ベクトル空間では（実内積の代わりに）エルミート内積 $(\mathbf{z}, \mathbf{w}) = {}^t\mathbf{z} \cdot \overline{\mathbf{w}} = \sum_{i=1}^n z_i \overline{w}_i$ を用いる（くわしくは 5 章）．

虚数単位 $\sqrt{-1}$ を i と書いて，複素ベクトルを $\mathbf{w} = \mathbf{u} + i\mathbf{v}$ と書く．いま，$n \times n$ 対称行列 A は複素ベクトル $\mathbf{w} = \mathbf{u} + i\mathbf{v}$ に

$$A\mathbf{w} = A(\mathbf{u} + i\mathbf{v}) = A\mathbf{u} + iA\mathbf{v}$$

により作用するとして，その固有値を λ とする．$A\mathbf{w} = \lambda\mathbf{w}, \quad \mathbf{w} \neq 0$．

$$(A\mathbf{w}, \mathbf{w}) = (\lambda\mathbf{w}, \mathbf{w}) = \lambda(\mathbf{w}, \mathbf{w})$$

となるが，A は対称行列だから左辺は $(\mathbf{w}, A\mathbf{w}) = (\mathbf{w}, \lambda\mathbf{w}) = \overline{\lambda}(\mathbf{w}, \mathbf{w})$ に等しい．ゆえに $(\lambda - \overline{\lambda})(\mathbf{w}, \mathbf{w}) = 0$．$(\mathbf{w}, \mathbf{w}) = \sum_{i=1}^n w_i \overline{w}_i > 0$ より $\lambda = \overline{\lambda}$．$\lambda$ は実固有値となる．

• しかし，いま考えているように **実ベクトル空間** の対称線形変換で考えると，このことの証明は難しい．次のようにする．

A を $n \times n$ 対称行列とする．固有多項式 $P_A(t)$ は

$$P_A(t) = \Pi_{i=1}^p (t - \alpha_i)^{m_i} \, \Pi_{j=1}^q (t^2 + 2\beta_j t + \gamma_j)^{n_j},$$

と因数分解される．ここに $\alpha_1, \beta_j, \gamma_j$ は実数で，

$$\beta_j^2 - \gamma_j < 0, \quad j = 1, \cdots, q\,.$$

後に 5 章で述べる最小多項式の性質や Cayley–Hamilton の定理は実ベクトル空間においても成り立つ．最小多項式は

$$\varphi_A(t) = (t - \alpha_p)(t - \alpha_{p-1}) \cdots (t - \alpha_1)\,(t^2 + 2\beta_q t + \gamma_q)$$
$$(t^2 + 2\beta_{q-1} t + \gamma_{q-1}) \ldots (t^2 + 2\beta_1 t + \gamma_1)$$

で

$$\varphi_A(A) = 0.$$

すなわち，

$$(A-\alpha_p E)\cdots(A-\alpha_1 E)\,(A^2+2\beta_q A+\gamma_q E)\cdots(A^2+2\beta_1 A+\gamma_1 E)=0. \tag{2.15}$$

このとき

$$(A^2+2\beta_q A+\gamma_q E)\cdots(A^2+2\beta_1 A+\gamma_1 E)\mathbf{v}\neq 0$$

となるベクトル $\mathbf{v}$ が存在する．なぜなら，任意のベクトル $\mathbf{x}$ に対して

$$(A^2+2\beta_q A+\gamma_q E)\cdots(A^2+2\beta_1 A+\gamma_1 E)\,\mathbf{x}=0$$

となるならば，ある $m\leq q$ に対して

$$\mathbf{y}=(A^2+2\beta_{m-1}A+\gamma_{m-1}E)\cdots(A^2+2\beta_1 A+\gamma_1 E)\mathbf{x}\neq 0$$

$$(A^2+2\beta_m A+\gamma_m E)\mathbf{y}=0$$

となるが，これは

$$\begin{aligned}0&=((A^2+2\beta_m A+\gamma_m E)\mathbf{y},\mathbf{y})=((\,{}^tAA+\beta_m(A+{}^tA)+\gamma_m E)\mathbf{y},\mathbf{y}\,)\\&=(A\mathbf{y},A\mathbf{y})+\beta_m\,(A\mathbf{y},\mathbf{y})+\beta_m\,(\mathbf{y},A\mathbf{y})\,+\gamma_m(\mathbf{y},\mathbf{y})\\&=(A\mathbf{y}+\beta_m\mathbf{y},A\mathbf{y}+\beta_m\mathbf{y})+(\gamma_m-\beta_m^2)(\mathbf{y},\mathbf{y})>0\end{aligned}$$

なることに矛盾する．したがって

$$\mathbf{w}=(A^2+2\beta_q A+\gamma_q E)\cdots(A^2+2\beta_1 A+\gamma_1 E)\mathbf{v}\neq 0$$

となるベクトル $\mathbf{v}$ が存在する．このとき (2.15) より，ある番号 $k\leq p$ に対して

$$\mathbf{u}=(A-\alpha_{k-1}E)\cdots(A-\alpha_1 E)\mathbf{w}\neq 0,\qquad (A-\alpha_k E)\mathbf{u}=0$$

が成り立つ．ゆえに A は実固有値 α_k (とその固有ベクトル $\mathbf{u}$) を持つ．　□

以上より，対称行列 A は実固有値を持つことがわかった．次の部分節で述べる対角化の帰納法による証明の過程で現れる $(n-k)\times(n-k)$ 行列はすべて対称行列だから，それらも実固有値を持つ．こうして A が n 個の実固有値を持つことがわかる（テキストの叙述の順序で，ずっと先のことを使ったりして，この証明は大変複雑である．しかし構成的でもある．より簡単な証明があるかもしれない）．

対称行列の対角化

1. 行列 A が対角化できるとは，線形写像 $A:\mathbf{R}^n \longmapsto \mathbf{R}^n$ を行列として表すときに，**適当な基底**を取れば対角行列で表すことができる，ということである．

2. 命題 19 によれば，それは基底変換の行列 P をうまく見つけて行列 $P^{-1}AP$ が対角行列になるようにすることである．

3. このとき直交基底の基底変換にかぎることにすれば，そのような基底変換行列は直交行列であったから，これは行列 ${}^tPAP$ が対角行列になるような直交行列 P を求めることである．

4. $n=1$ なら A は 1×1 行列すなわち実数だから対角行列である．帰納法を用いることにして任意の $(n-1)\times(n-1)$ 対称行列は対角化できると仮定し $n\times n$ 対称行列 A が対角化できることを証明しよう．

5. 最初に与えられた V の正規直交基底

$$\mathbf{e}_1, \mathbf{e}_2, \cdots, \mathbf{e}_n$$

により表した $n\times n$ 対称行列を A とする．A の一つの固有値を λ_1，その固有ベクトルを $\mathbf{v}_1$ とする．

$|\lambda_1 E - A| = 0$ となるから定理 22 より $(\lambda_1 E - A)\mathbf{v}_1 = \mathbf{0}$，すなわち $A\mathbf{v}_1 = \lambda_1 \mathbf{v}_1$ を満たすベクトル $\mathbf{v}_1 \neq \mathbf{0}$ が存在する．

ベクトル $\mathbf{v}_1$ が生成する 1 次元部分空間 $\{c\mathbf{v}_1 : c \in \mathbf{R}\}$ の直交補空間を W_1 とする:

$$W_1 = \{\mathbf{w} \in V; \quad (\mathbf{v}_1, \mathbf{w}) = 0\}.$$

任意の $\mathbf{w} \in W_1$ に対して

$$(\mathbf{v}_1, A\mathbf{w}) = (A\mathbf{v}_1, \mathbf{w}) = \lambda_1(\mathbf{v}_1, \mathbf{w}) = 0$$

より $A\mathbf{w}$ も $\mathbf{v}_1$ に直交するので $A\mathbf{w} \in W_1$, ゆえに

$$AW_1 \subset W_1.$$

すなわち W_1 は A の不変部分空間になる．

6. あらためて，正規直交基底

$$\mathbf{e}'_1, \mathbf{e}'_2, \cdots, \mathbf{e}'_n$$

を，$\mathbf{e}'_1 = \frac{\mathbf{v}_1}{||\mathbf{v}_1||}$，また $\mathbf{e}'_2, \cdots, \mathbf{e}'_n$ が W_1 の基底となるように取り，この基底で線形写像 A を表す行列を A' とすると

$$A' = \begin{pmatrix} \lambda_1 & 0 & \cdots & 0 \\ 0 & a_{21} & \cdots & a_{2n} \\ 0 & \cdot & \cdots & \cdot \\ 0 & a_{n1} & \cdots & a_{nn} \end{pmatrix} \tag{2.16}$$

となる．

実際，$A' = (a_{ij} : i : 1 \downarrow n,\ j : 1 \longmapsto n)$ とすると $A'\mathbf{e}'_1 = \lambda_1 \mathbf{e}'_1$ より $a_{11} = \lambda_1,\ a_{i1} = 0,\ i \geq 2$ がわかる．また $j \geq 2$ に対しては $A'\mathbf{e}'_j \in W_1$ より $A'\mathbf{e}'_j$ は $\mathbf{e}'_2, \cdots, \mathbf{e}'_n$ の１次結合で $\mathbf{e}'_1$ を含まないから $a_{1j} = 0,\ j \geq 2$. ゆえに A' は (2.16) の形になる．右下の $(n-1) \times (n-1)$ 行列を

$$B = \begin{pmatrix} a_{21} & \cdots & a_{2n} \\ \cdot & \cdots & \cdot \\ a_{n1} & \cdots & a_{nn} \end{pmatrix}$$

とする．

7. 一方，基底 $\mathbf{e}_1, \mathbf{e}_2, \cdots, \mathbf{e}_n$ を基底 $\mathbf{e}'_1, \mathbf{e}'_2, \cdots, \mathbf{e}'_n$ に変換する基底変換の行列を T_1 と書くと，基底変換による行列表現の変換を述べた 命題 19 により

$$A' = T_1^{-1} A T_1$$

となるが，基底変換の行列 T_1 は直交行列だから $T_1^{-1} = {}^tT_1$ で

$$A' = {}^tT_1 A T_1$$

がわかる．

したがって

$${}^t(A') = {}^t({}^tT_1 A T_1) = {}^tT_1 {}^tA T_1 = A'$$

すなわち A' は対称行列になる．$A' = \begin{pmatrix} \lambda_1 & 0 \\ 0 & B \end{pmatrix}$ だから B も対称行列になる．

8. 帰納法の仮定より $(n-1)\times(n-1)$ 対称行列 B を対角化する $(n-1)\times(n-1)$ 直交行列 T_2 がある：

$$T_2^{-1}BT_2 = \begin{pmatrix} \lambda_2 & 0 & \cdot & 0 \\ 0 & \lambda_3 & \cdot & \cdot \\ 0 & \cdot & \cdot & 0 \\ 0 & \cdot & 0 & \lambda_n \end{pmatrix}.$$

$T = T_1 \begin{pmatrix} 1 & 0 \\ 0 & T_2 \end{pmatrix}$ とおけば T も直交行列で

$$T^{-1}AT = \begin{pmatrix} 1 & 0 \\ 0 & T_2 \end{pmatrix}^{-1} T_1^{-1}AT_1 \begin{pmatrix} 1 & 0 \\ 0 & T_2 \end{pmatrix}$$

$$= \begin{pmatrix} 1 & 0 \\ 0 & T_2 \end{pmatrix}^{-1} \begin{pmatrix} \lambda_1 & 0 \\ 0 & B \end{pmatrix} \begin{pmatrix} 1 & 0 \\ 0 & T_2 \end{pmatrix} = \begin{pmatrix} \lambda_1 & 0 \\ 0 & T_2^{-1}BT_2 \end{pmatrix}$$

$$= \begin{pmatrix} \lambda_1 & 0 & 0 & \cdots & 0 \\ 0 & \lambda_2 & 0 & \cdot & 0 \\ 0 & 0 & \lambda_3 & \cdot & 0 \\ \cdot & \cdot & \cdot & \cdot & \cdot \\ 0 & \cdot & \cdot & 0 & \lambda_n \end{pmatrix}.$$

次の定理が証明された．

定理 49.

$n \times n$ 対称行列 A は 適当な直交行列 T により対角化される．

$$T^{-1}AT = \begin{pmatrix} \lambda_1 & 0 & 0 & \cdots & 0 \\ 0 & \lambda_2 & 0 & \cdot & 0 \\ 0 & 0 & \lambda_3 & \cdot & 0 \\ \cdot & \cdot & \cdot & \cdot & \cdot \\ 0 & \cdot & \cdot & 0 & \lambda_n \end{pmatrix}. \qquad (2.17)$$

ここに $\lambda_1, \lambda_2, \cdots, \lambda_n$ は A の固有値である．

• 上の証明は直交行列 T の求め方も述べている点に注意しよう．すなわち構成の仕方より基底 $\mathbf{e}_1', \mathbf{e}_2', \cdots, \mathbf{e}_n'$ の各ベクトル $\mathbf{e}_k'$ は A の固有ベクトルを正規直交化したものになっている．

実際，上の証明で，$\mathbf{e}'_1$ は λ_1 の固有ベクトルで長さが 1 である．対称行列 B に帰納法を適用する前に，同じ操作を繰り返してみよう．

$$\begin{aligned}|tE - A| &= |tE - T_1^{-1}A'T_1| = |T_1(tE - A')T_1^{-1}| = |tE - A'| \\ &= (t - \lambda_1)\,|tE_{n-1} - B|\,,\end{aligned}$$

ここに E_{n-1} は $(n-1) \times (n-1)$ 単位行列だから 2 番目の固有値 λ_2 は対称行列 B の固有値で，その固有ベクトル $\mathbf{v}_2$ の張る (W_1 の)1 次元部分空間の直交補空間を $W_2 \subset W_1 \subset V$ として，基底 $\mathbf{e}'_2 = \frac{\mathbf{v}_2}{||\mathbf{v}_2||}$ と W_2 の基底 $\mathbf{e}''_3, \cdots, \mathbf{e}''_n$ により行列 B を基底変換すると，$B' = \begin{pmatrix} \lambda_2 & 0 & \cdots & 0 \\ 0 & b_{31} & \cdots & b_{3n} \\ 0 & \cdot & \cdots & \cdot \\ 0 & b_{n1} & \cdots & b_{nn} \end{pmatrix}$ となる．こうして A の正規直交 固有ベクトル $\mathbf{e}'_1, \mathbf{e}'_2$ が得られた．このように続ける．

こうして続けた基底変換を順に合成したものが直交行列 T で，それは（A を表している）最初の基底 $\mathbf{e}_1, \mathbf{e}_2, \cdots, \mathbf{e}_n$ を最後の基底 $\mathbf{e}'_1, \mathbf{e}'_2, \cdots, \mathbf{e}'_n$ に変換する行列だから，T の列ベクトルが $\mathbf{e}'_1, \mathbf{e}'_2, \cdots, \mathbf{e}'_n$ であることがわかる．すなわち T は正規直交化した固有ベクトルからなる列ベクトルを並べたものである．

□

この方法で実際の計算ができる．

例.

$$A = \begin{pmatrix} 0 & 0 & 0 & 0 & 1 \\ 0 & 0 & 0 & 1 & 0 \\ 0 & 0 & 1 & 0 & 0 \\ 0 & 1 & 0 & 0 & 0 \\ 1 & 0 & 0 & 0 & 0 \end{pmatrix}$$

固有多項式は

$$P_t(A) = \lambda^2(\lambda - 1)\lambda^2 - 2\lambda(\lambda - 1)\lambda + (\lambda - 1) = (\lambda - 1)^3(\lambda + 1)^2.$$

したがって固有値は $+1$ が 3 個と -1 が 2 個．そこで固有値 1 に属する 3 個の正規直交ベクトルと，固有値 -1 に属する 2 個の正規直交ベクトルを作ろう．

固有値 1 に属する固有ベクトルを $\mathbf{t}$ とする．$A\mathbf{t}=\mathbf{t}$ より $\mathbf{t}$ の成分は $t_1=t_5$, $t_2=t_4$. したがって固有値 1 に属する 3 個の正規直交ベクトルとして

$$\mathbf{t}_1=\frac{1}{\sqrt{2}}\begin{pmatrix}1\\0\\0\\0\\1\end{pmatrix},\quad \mathbf{t}_2=\frac{1}{\sqrt{2}}\begin{pmatrix}0\\1\\0\\1\\0\end{pmatrix},\quad \mathbf{t}_3=\begin{pmatrix}0\\0\\1\\0\\0\end{pmatrix}.$$

と取ればよい．次に固有値 -1 に対応する固有ベクトルを求める．$A\mathbf{u}=-\mathbf{u}$ より $\mathbf{u}$ の成分は $u_1=-u_5$, $u_2=-u_4$, $u_3=0$. したがって固有値 -1 に属する 2 個の正規直交ベクトルとして

$$\mathbf{u}_1=\frac{1}{\sqrt{2}}\begin{pmatrix}1\\0\\0\\0\\-1\end{pmatrix},\quad \mathbf{u}_2=\frac{1}{\sqrt{2}}\begin{pmatrix}0\\1\\0\\-1\\0\end{pmatrix}$$

と取ればよい．ゆえに

$$T=(\mathbf{t}_1,\mathbf{t}_2,\mathbf{t}_3,\mathbf{u}_1,\mathbf{u}_2)=\begin{pmatrix}\frac{1}{\sqrt{2}}&0&0&0&\frac{1}{\sqrt{2}}\\0&\frac{1}{\sqrt{2}}&0&\frac{1}{\sqrt{2}}&0\\0&0&1&0&0\\0&\frac{1}{\sqrt{2}}&0&-\frac{1}{\sqrt{2}}&0\\\frac{1}{\sqrt{2}}&0&0&0&-\frac{1}{\sqrt{2}}\end{pmatrix}$$

である．

$${}^tTAT=\begin{pmatrix}1&0&0&0&0\\0&1&0&0&0\\0&0&1&0&0\\0&0&0&-1&0\\0&0&0&0&-1\end{pmatrix}$$

が確かめられる．

命題 50.

$$T = \begin{pmatrix} A & B \\ {}^tB & C \end{pmatrix}$$

の形の $n \times n$ 対称行列 T を考える（したがって A と C は対称行列である）．A の逆行列 A^{-1} が存在すれば，適当な基底の変換行列 P に対して

$$\begin{pmatrix} A & B \\ {}^tB & C \end{pmatrix} = {}^tP \begin{pmatrix} A & 0 \\ 0 & D \end{pmatrix} P$$

と書ける．

実際，

$$D = C - {}^tBA^{-1}B\,,$$

$$P = \begin{pmatrix} E_r & A^{-1}B \\ 0 & E_{n-r} \end{pmatrix}$$

とおけばよい．ここに，E_r は $r = \mathrm{rank}\, A$ の次数の単位行列．

$${}^tC = C,\ {}^tA = A$$

となることに注意すれば証明される．　□

問.　この証明を書け．

2.4.3　2次形式

n 個の文字 $x_1, x_2, \cdots, x_n$ の **2 次形式**とは

$$Q(x) = \sum_{i=1}^{n} a_{ii}x_i^2 + 2\sum_{i<j} a_{ij}\,x_ix_j$$

の形の式のことである．$j < i$ の場合は $a_{ji} = a_{ij}$ と置くと

$$Q(x) = \sum_{i=1}^{n}\sum_{j=1}^{n} a_{ij}x_ix_j\,. \tag{2.18}$$

$$A = \begin{pmatrix} a_{11} & \cdots & a_{1n} \\ a_{21} & \cdots & a_{2n} \\ \cdot & \cdots & \cdot \\ a_{n1} & \cdots & a_{nn} \end{pmatrix}$$

と置けば A は対称行列になる．式 (2.18) のベクトル表示は

$$A\mathbf{x} = \begin{pmatrix} \sum_j a_{1j}x_j \\ \sum_j a_{2j}x_j \\ \vdots \\ \sum_j a_{nj}x_j \end{pmatrix}, \quad \mathbf{x} = \begin{pmatrix} x_1 \\ x_2 \\ \vdots \\ x_n \end{pmatrix}$$

だから

$$Q(x) = {}^t\mathbf{x}A\mathbf{x} = (\mathbf{x}, A\mathbf{x}) \tag{2.19}$$

となる．この式が対称行列と 2 次形式の対応を与える．対応する対称行列を明示するときは

$$Q(x) = Q_A(x)$$

と書く．

さて基底変換 P:

$$(\mathbf{e}'_1, \mathbf{e}'_2, \cdots, \mathbf{e}'_n) = (\mathbf{e}_1, \mathbf{e}_2, \cdots, \mathbf{e}_n) \begin{pmatrix} P_{11} & \cdots & P_{1n} \\ P_{21} & \cdots & P_{2n} \\ \cdot & \cdots & \cdot \\ \cdot & \cdots & \cdot \\ P_{n1} & \cdots & P_{nn} \end{pmatrix},$$

により座標は，$\mathbf{v} = P\mathbf{v}'$;

$$\begin{pmatrix} v_1 \\ v_2 \\ \vdots \\ v_n \end{pmatrix} = \begin{pmatrix} P_{11} & \cdots & P_{1n} \\ P_{21} & \cdots & P_{2n} \\ \cdot & \cdots & \cdot \\ \cdot & \cdots & \cdot \\ P_{n1} & \cdots & P_{nn} \end{pmatrix} \begin{pmatrix} v'_1 \\ v'_2 \\ \vdots \\ v'_n \end{pmatrix},$$

と変換するのだった．これより ${}^t\mathbf{v} = {}^t\mathbf{v}'\,{}^tP$ となる．ゆえに $Q_A(\mathbf{x})$ は

$$Q_A(x) = {}^t\mathbf{x}A\mathbf{x} = {}^t\mathbf{x}'\,{}^tPAP\,\mathbf{x}' = Q_{A'}(x'), \qquad A' = {}^tPAP.$$

と変換する．すなわち 直交行列 P による 2 次形式の変換は，対応した対称行列 A の P による変換と対応している．ゆえに定理 49 より 次の **2 次形式の標準形** が得られる：

定理 51.

2 次形式 $Q(x)$ は，適当な直交行列による座標変換，$\mathbf{x} = P\mathbf{x}'$ をすることにより

$$Q(x) = \lambda_1 x_1'^2 + \lambda_2 x_2'^2 + \cdots + \lambda_n x_n'^2 \tag{2.20}$$

の形になる．ここに $\lambda_i,\ i = 1, 2, \cdots, n$，は A の固有値である．

定理 52 (Sylvester の慣性法則)**.**

2 次形式 $Q(x)$ は，適当な実正則行列による座標変換，$\mathbf{x} = P\mathbf{x}'$ をすることにより

$$Q(x) = x_1'^2 + \cdots + x_p'^2 - x_{p+1}'^2 - \cdots - x_{p+q}'^2 \tag{2.21}$$

となる．ここに p, q は（座標変換によらず）$Q(x)$ により一意的に決まる．

定理 51 において，p 個の λ_j が > 0, q 個が < 0，残りの $n-p-q$ 個が 0 とする．基底の変換をして

$$\lambda_1, \cdots \lambda_p > 0,\ \lambda_{p+1}, \cdots \lambda_{p+q}, < 0,\ \lambda_{p+q+1} = \cdots = \lambda_n = 0$$

としてよい．

定理 49 の直交行列 T を

$$P = T \begin{pmatrix} 1/\sqrt{\lambda_1} & 0 & \cdots & \cdots & \cdot & \cdot & 0 & 0 \\ 0 & \cdot & \cdots & \cdots & \cdots & \cdot & \cdot & 0 \\ 0 & \cdots & 1/\sqrt{\lambda_p} & \cdots & \cdots & \cdot & \cdot & \cdot \\ \cdot & \cdots & \cdots & 1/\sqrt{-\lambda_{p+1}} & \cdots & \cdot & \cdots & \cdot \\ 0 & \cdots & \cdots & \cdots & \cdots & \cdot & \cdots & \cdot \\ \cdot & \cdots & \cdots & \cdots & 1/\sqrt{-\lambda_{p+q}} & \cdot & \cdots & \cdot \\ \cdot & \cdots & \cdots & \cdots & \cdots & 1 & \cdots & 0 \\ 0 & \cdots & \cdots & \cdots & \cdot & \cdots & \cdot & 0 \\ 0 & \cdots & \cdots & \cdots & \cdot & \cdots & \cdot & 1 \end{pmatrix}$$

に変えれば

$$
{}^tPAP = \begin{pmatrix}
1 & 0 & \cdots & \cdots & \cdot & 0 & 0 \\
0 & \cdot & \cdots & \cdots & \cdots & \cdot & 0 \\
0 & \cdots & 1 & \cdots & \cdots & \cdot & \cdot \\
\cdot & \cdots & \cdots & -1 & \cdots & \cdot & \cdots \\
0 & \cdots & \cdots & \cdots & \cdots & \cdot & \cdots \\
\cdot & \cdots & \cdots & \cdots & -1 & \cdot & \cdots \\
\cdot & \cdots & \cdots & \cdots & \cdots & 0 & \cdots \\
0 & \cdots & \cdots & \cdots & \cdot & \cdots & \cdot \\
0 & \cdots & \cdots & \cdots & \cdot & \cdots & 0
\end{pmatrix}
$$

となる．対応した 2 次形式が求めるものである．

数 p, q は**座標変換によらず** $Q(x)$ により一意的に決まる．

このことの証明は，例えば佐武；線型代数学，p.160 のていねいな証明により学習していただきたい． □

二つの $n \times n$ 行列 A, B は

$$AB = BA$$

のとき**交換可能** であるという．

命題 53.

$A_1, A_2, \cdots, A_p$ を互いに交換可能な p 個の $n \times n$ 対称行列とすると，これらはある直交行列 T により一斉に対角化される．

n と p の 2 重帰納法によるていねいな証明が 佐武：p.156 例 3 に書いてある．

系 54.

二つの 2 次形式 $Q_1(x), Q_2(x)$ の一方が標準形

$$Q_1(x) = \lambda_1 x_1^2 + \lambda_2 x_2^2 + \cdots + \lambda_n x_n^2 \tag{2.22}$$

に表されていると，適当な座標変換により $Q_1(x), Q_2(x)$ がともに標準形となるようにできる．

問. なぜか．

Chapter 3

行列の標準形 I

3.1 行列の対角化復習と三角化

3.1.1 階数との関係

1 章，命題 26 で次の命題が示されている．

命題 55.

$n \times m$ 行列 A は，適当な $m \times m$ 正則行列 $T_1, n \times n$ 正則行列 T_2 により対角化される：

$$T_2 A T_1 = \begin{pmatrix} 1 & 0 & \cdots & 0 & 0 & \cdots & 0 \\ 0 & 1 & \cdots & 0 & 0 & \cdots & 0 \\ \cdot & \cdot & \cdots & \cdot & \cdot & \cdot & \cdots \\ \cdot & \cdot & \cdots & 1 & 0 & \cdot & 0 \\ 0 & \cdots & 0 & & 0 & \cdots & 0 \\ 0 & \cdots & 0 & & 0 & \cdots & 0 \\ \cdot & \cdot & \cdots & & \cdot & \cdot & \cdots \\ 0 & \cdot & 0 & & 0 & \cdot & 0 \end{pmatrix}.$$

始めの $r \times r$ 行列以外 0 となるようにできる．$r = \operatorname{rank} A$ がわかる．

3.1.2 対称行列

定理 49 をもう一度書くと，

定理 56.

$n \times n$ 対称行列 A は 適当な直交行列 T により対角化される．

$$T^{-1} A T = \begin{pmatrix} \lambda_1 & 0 & 0 & \cdots & 0 \\ 0 & \lambda_2 & 0 & \cdot & 0 \\ 0 & 0 & \lambda_3 & \cdot & 0 \\ \cdot & \cdot & \cdot & \cdot & \cdot \\ 0 & \cdot & \cdot & 0 & \lambda_n \end{pmatrix}. \tag{3.1}$$

ここに $\lambda_1, \lambda_2, \cdots, \lambda_n$ は A の固有値である．

命題 55 と定理 56 を比べよう．命題 55 では線形変換（行列）A をほどこす前に座標変換を行っておき，さらに A で移した像ベクトルにも座標変換をすれば，どんな線形変換も rank の大きさの，すなわち 1 次独立部分の，恒等変換と同じであると主張している．これでは線形変換 A が どのような特徴をもつかが読み取れないだろう．

それに対して，($n = m$ のときだが) 対称行列に対する定理 56 では，

$$A = T \begin{pmatrix} \lambda_1 & 0 & \cdot \\ 0 & \cdot & \cdot \\ 0 & \cdot & \lambda_n \end{pmatrix} T^{-1}$$

だから，ベクトルを変換 A で移すのは，うまく座標変換 を行いその各成分を何倍かしたあと同じ座標変換 で戻しておくことにほかならない，と言っている;

$$\mathbf{v} \longmapsto T^{-1}\mathbf{v} \longmapsto \begin{pmatrix} \lambda_1 & 0 & \cdot \\ 0 & \cdot & \cdot \\ 0 & \cdot & \lambda_n \end{pmatrix} T^{-1}\,\mathbf{v}$$
$$\longmapsto T \begin{pmatrix} \lambda_1 & 0 & \cdot \\ 0 & \cdot & \cdot \\ 0 & \cdot & \lambda_n \end{pmatrix} T^{-1}\mathbf{v} = A\mathbf{v}.$$

そして各成分を何倍するかは A に固有な性質として定まる，こともわかる．

このように対称行列で表される線形変換はその固有値により特徴付けられるわかりやすい変換であることがわかる．

“対称変換以外についても，与えられた線形変換がなにかわかりやすい（より単純な）形の変換に帰着されるかどうかを調べてみよう” というのが以下の節の目的である．

3.1.3 射影

2.3 節で（部分空間への）射影を表す行列を調べた．それは (2.12) 式：

$$A^2 = A, \quad {}^t A = A$$

を満たす行列であった．

式 (2.13) で射影は対角化できることを見た．

命題 57.

性質

$$A^2 = A, \quad {}^tA = A$$

を満たす行列（射影）は対角化できる.

3.1.4 三角化

命題 58.

いま行列 A の固有値 $\lambda_1, \lambda_2, \cdots, \lambda_n$ がすべて実数であったとする. このとき適当な直交行列 T により A を次の形の 3 角行列に変換できる.

$$T^{-1}AT = \begin{pmatrix} \lambda_1 & * & * & * & * \\ 0 & \lambda_2 & * & * & * \\ \cdot & \cdot & \cdot & * & * \\ 0 & \cdot & \cdot & 0 & \lambda_n \end{pmatrix}. \tag{3.2}$$

証明. 定理 49 の証明と同じ方法でできる. V の正規直交基底 $\mathbf{e}_1, \mathbf{e}_2, \cdots, \mathbf{e}_n$ により表した $n \times n$ 行列を A とする. A の一つの固有値を λ_1, その固有ベクトルを $\mathbf{v}_1$ とする. $\mathbf{e}'_1 = \frac{\mathbf{v}_1}{||\mathbf{v}_1||}$ として 正規直交基底 $\mathbf{e}'_1, \mathbf{e}'_2, \cdots, \mathbf{e}'_n$ を作る. 基底 $\mathbf{e}_1, \mathbf{e}_2, \cdots, \mathbf{e}_n$ を基底 $\mathbf{e}'_1, \mathbf{e}'_2, \cdots, \mathbf{e}'_n$ に変換する直交行列を T_1 とし, また A を変換した行列を A' とすると命題 19 により $A' = T_1^{-1}AT_1$. すると, A' は

$$A' = \begin{pmatrix} \lambda_1 & * & \cdots & * \\ 0 & a'_{22} & \cdots & a'_{2n} \\ 0 & \cdot & \cdots & \cdot \\ 0 & a'_{n2} & \cdots & a'_{nn} \end{pmatrix}$$

の形となる. 実際, $A'\mathbf{e}'_1 = \lambda_1 \mathbf{e}'_1$ より $a'_{11} = \lambda_1$, $a'_{i1} = 0, i \geq 2$ だから. 右下の $(n-1) \times (n-1)$ 行列を

$$B = \begin{pmatrix} a'_{22} & \cdots & a'_{2n} \\ \cdot & \cdots & \cdot \\ a'_{n2} & \cdots & a'_{nn} \end{pmatrix}$$

とする. 帰納法の仮定よりある $(n-1) \times (n-1)$ 直交行列 T_2 により

$$T_2^{-1}BT_2 = \begin{pmatrix} \lambda_2 & * & \cdot & * \\ 0 & \lambda_3 & \cdot & * \\ 0 & \cdot & \cdot & * \\ 0 & \cdot & 0 & \lambda_n \end{pmatrix}$$

となっている．$T = T_1 \begin{pmatrix} 1 & 0 \\ 0 & T_2 \end{pmatrix}$ と置けば T も直交行列で

$$T^{-1}AT = \begin{pmatrix} 1 & 0 \\ 0 & T_2 \end{pmatrix}^{-1} T_1^{-1}AT_1 \begin{pmatrix} 1 & 0 \\ 0 & T_2 \end{pmatrix}$$

$$= \begin{pmatrix} 1 & 0 \\ 0 & T_2 \end{pmatrix}^{-1} \begin{pmatrix} \lambda_1 & * \\ 0 & B \end{pmatrix} \begin{pmatrix} 1 & 0 \\ 0 & T_2 \end{pmatrix} = \begin{pmatrix} \lambda_1 & * \\ 0 & T_2^{-1}BT_2 \end{pmatrix}$$

$$= \begin{pmatrix} \lambda_1 & * & * & \cdots & * \\ 0 & \lambda_2 & * & \cdot & * \\ 0 & 0 & \lambda_3 & \cdot & * \\ \cdot & \cdot & \cdot & \cdot & \cdot \\ 0 & \cdot & \cdot & 0 & \lambda_n \end{pmatrix}. \qquad \square$$

注意.　1.10.2 節の例で，**相異なる** n 個の実固有値を持つ行列 A は，

$$A = \begin{pmatrix} \lambda_1 & 0 & \cdots & 0 \\ 0 & \lambda_2 & \cdots & \cdot \\ \cdot & \cdots & \cdots & \cdot \\ 0 & \cdots & \cdots & \lambda_n \end{pmatrix}$$

と対角成分が固有値となる対角行列に分解されることを見たが，命題 58 では実固有値が**同じものが重複**していてもよい．

たとえば

$$A = \begin{pmatrix} 0 & 1 & 0 & 0 \\ 0 & 0 & 1 & 0 \\ 0 & 0 & 0 & 1 \\ 0 & 0 & 0 & 0 \end{pmatrix}$$

$P_A(t) = t^n = 0$ は 4 重根 0 を持ち，固有値は 0．この行列は（はじめから）命題 58 の形の 3 角行列になっている．**対角化はできない**．

3.2 交代行列

3.2.1 交代行列の標準形

内積ベクトル空間 $(V, (\ ,\ ))$ の線形変換 $A: V \longmapsto V$ が

$$(A\mathbf{u}, \mathbf{v}) = -(\mathbf{u}, A\mathbf{v}), \qquad \mathbf{u}, \mathbf{v} \in V \tag{3.3}$$

を満足するとき A を歪対称変換という. V の正規直交基底 $\mathbf{e}_1, \mathbf{e}_2, \cdots, \mathbf{e}_n$ を一つ選び A を行列で表して

$$A = \begin{pmatrix} a_{11} & \cdots & a_{1n} \\ a_{21} & \cdots & \cdot \\ \cdot & \cdots & \cdot \\ a_{n1} & \cdots & a_{nn} \end{pmatrix}$$

とするとき A は**交代行列**（**歪対称行列**）となる，すなわち

$$a_{ij} = -a_{ji}, \qquad i, j = 1, 2, \cdots, n.$$

あるいは

$${}^tA = -A.$$

とくに交代行列の対角成分 $a_{ii} = 0$ である.

問. λ が交代行列の固有値ならば $-\lambda$ も固有値になる.

問. A が交代行列なら 任意の行列 P に対して ${}^tPAP$ も交代行列になる.

問.

1. B を $r \times r$ 交代行列とする; ${}^tB = -B$. このとき $(r+2) \times (r+2)$ 行列

$$A = \begin{pmatrix} 0 & -1 & -{}^t\mathbf{a} \\ 1 & 0 & -{}^t\mathbf{b} \\ \mathbf{a} & \mathbf{b} & B \end{pmatrix}$$

も交代行列になる. ここに

$$\mathbf{a} = \begin{pmatrix} a_1 \\ \vdots \\ a_r \end{pmatrix}, \ \mathbf{b} = \begin{pmatrix} b_1 \\ \vdots \\ b_r \end{pmatrix}.$$

したがって

$$ {}^t\mathbf{a} = (a_1, \cdots, a_r),\ {}^t\mathbf{b} = (b_1, \cdots, b_r). $$

2. さらに，$B\mathbf{u} = \mathbf{a}$, $B\mathbf{v} = \mathbf{b}$, $(\mathbf{u}, B\mathbf{v}) = {}^t\mathbf{u}B\mathbf{v} = 0$, なるベクトル $\mathbf{u}$, $\mathbf{v}$ が存在すれば，適当な基底の変換で

$$ A = \begin{pmatrix} 0 & -1 & {}^t\mathbf{0} \\ 1 & 0 & {}^t\mathbf{0} \\ \mathbf{0} & \mathbf{0} & B \end{pmatrix} $$

の形にできる．ここに ${}^t\mathbf{0}$ は 0 を横に r 個並べた横ベクトルである．

実際

$$ \begin{pmatrix} -1 & 0 & {}^t\mathbf{u} \\ 0 & -1 & {}^t\mathbf{v} \\ \mathbf{0} & \mathbf{0} & E \end{pmatrix} A \begin{pmatrix} -1 & 0 & {}^t\mathbf{0} \\ 0 & -1 & {}^t\mathbf{0} \\ \mathbf{u} & \mathbf{v} & E \end{pmatrix} = \begin{pmatrix} 0 & -1 & {}^t\mathbf{0} \\ 1 & 0 & {}^t\mathbf{0} \\ \mathbf{0} & \mathbf{0} & B \end{pmatrix}. $$

ここで，E は $r \times r$ 単位行列である． □

対称行列に 2 次形式が付随したように交代行列

$$ A = \left(a_{ij}\,;\ i:\ \begin{matrix} 1 \\ \downarrow \\ n \end{matrix},\ j: 1 \longmapsto n \right) $$

には**歪対称 2 次形式**が対応する：

$$ Z(x, y) = (\mathbf{x}, A\mathbf{y}) = \sum_{i=1}^{n} a_{ij} x^i y^j. \tag{3.4} $$

$$ Z(x, y) = -Z(y, x), \qquad \text{とくに } Z(x, x) = 0. $$

交代行列

$$A = \begin{pmatrix} 0 & -1 & 0 & \cdots & \cdots & \cdots & 0 \\ 1 & 0 & 0 & \cdots & \cdots & \cdots & 0 \\ 0 & \cdots & \cdots & \cdots & \cdots & \cdots & \cdots \\ \cdots & \cdots & \cdots & 0 & -1 & \cdots & \cdots \\ \cdots & \cdots & \cdots & 1 & 0 & \cdots & \cdots \\ 0 & \cdots & \cdots & \cdots & 0 & \cdots & 0 \\ 0 & \cdots & \cdots & \cdots & 0 & \cdots & 0 \end{pmatrix}, \tag{3.5}$$

ここで $\begin{pmatrix} 0 & -1 \\ 1 & 0 \end{pmatrix}$ が p 個ならんでいる，に対応する歪対称 2 次形式

$$Z(x, y) = -x^1y^2 + x^2y^1 + \cdots - x^{2p-1}y^{2p} + x^{2p}y^{2p-1} \tag{3.6}$$

を**歪対称 2 次形式の標準形**という．

定理 59.

1. 交代行列の階数 rank A は偶数である．

2. 交代行列 A は基底の適当な直交変換 P により (3.5) の形になる: すなわち rank $A = 2p$ とすれば

$${}^tPAP = \begin{pmatrix} 0 & -1 & 0 & \cdots & \cdots & \cdots & 0 \\ 1 & 0 & 0 & \cdots & \cdots & \cdots & 0 \\ 0 & \cdots & \cdots & \cdots & \cdots & \cdots & \cdots \\ \cdots & \cdots & \cdots & 0 & -1 & \cdots & \cdots \\ \cdots & \cdots & \cdots & 1 & 0 & \cdots & \cdots \\ 0 & \cdots & \cdots & \cdots & 0 & \cdots & 0 \\ 0 & \cdots & \cdots & \cdots & 0 & \cdots & 0 \end{pmatrix} \tag{3.7}$$

ここで，左上に $\begin{pmatrix} 0 & -1 \\ 1 & 0 \end{pmatrix}$ が p 個あり，残りの成分は 0 である．

3.　歪対称 2 次形式 $Z(x,y)$ は適当な座標変換により標準形にできる．

証明． A を $n\times n$ 行列，$n\geq 1$ で交代行列とする．交代行列の標準形を与える 2 番目の主張を証明すれば，あとはそれから従う．

rank A についての帰納法で証明する．

1. $\operatorname{rank} A=0$ なら $A=\begin{pmatrix} 0 & \cdots & 0 \\ \cdot & \cdots & \cdot \\ 0 & \cdots & 0 \end{pmatrix}$ で証明されている．

2. $\operatorname{rank} A=1$ なら $A\mathbf{e}_1'\neq\mathbf{0}$ となるベクトル $\mathbf{e}_1'\neq\mathbf{0}$ を取る．$||\mathbf{e}_1'||=1$ としてよい．任意のベクトル $\mathbf{v}$ は

$$\mathbf{v}=c\,\mathbf{e}_1'+\mathbf{w},\quad c\in\mathbf{R},\,\mathbf{w}\in\ker A$$

と一意的に書ける．なぜなら $A\mathbf{v}=0$ なら $c=0$ と取ればよいし，$A\mathbf{v}\neq 0$ なら $A\mathbf{v}$ は A の像のベクトルで $\operatorname{rank} A=1$ だから，ある $c\in\mathbf{R}$ に対して $A\mathbf{v}=c\,A\mathbf{e}_1'$，このとき $\mathbf{w}=\mathbf{v}-c\,\mathbf{e}_1'\in\ker A$．$\ker A$ は $n-1$ 次元部分空間である．$\ker A$ の正規直交基底 $\mathbf{e}_2,\cdots,\mathbf{e}_n$ を取る．$\mathbf{e}_1'$ を $\mathbf{a}=\mathbf{e}_1'-\sum_{j=2}^{n}(\mathbf{e}_1',\mathbf{e}_j)\mathbf{e}_j$，$\mathbf{e}_1=\frac{1}{||\mathbf{a}||}\mathbf{a}$，と置き換えて $\mathbf{e}_1,\mathbf{e}_2,\cdots,\mathbf{e}_n$ が $\mathbf{R}^n$ の正規直交基底となる．行列 A を表す始めの基底からこの正規直交基底 $\mathbf{e}_1,\mathbf{e}_2,\cdots,\mathbf{e}_n$ への基底の変換行列を P とすると，$A'={}^tPAP$ も rank 1 の交代行列になる．なぜなら，$A'\mathbf{e}_1=A\mathbf{e}_1'\neq 0$, $\mathbf{e}_j\in\ker A'$, $j\geq 2$ だから．

さて A' が交代行列だから $(A'\mathbf{e}_1,\mathbf{e}_1)=0$．次に $\mathbf{e}_j\in\ker A'$, $j\geq 2$ より，$i\geq 1, j\geq 2$ に対して $(A'\mathbf{e}_j,\mathbf{e}_i)=0$．最後に $(A'\mathbf{e}_1,\mathbf{e}_j)=-(\mathbf{e}_1,A'\mathbf{e}_j)=0, j\geq 2$．結局すべての i, j に対して $a_{ij}'=(\mathbf{e}_i,\,A'\mathbf{e}_j)=0$ となる．ここに a_{ij}' は A' の (i,j) 成分である．ゆえに A' は 0 行列，したがって A も 0 行列となった．$\operatorname{rank} A=1$ なる交代行列 A が 0 行列になったが，これは矛盾．すなわち rank A が 1 という交代行列は存在しない．

3. $\operatorname{rank} A=2$ のときは $A\mathbf{v}_1\neq 0$ なるベクトル $\mathbf{v}_1\neq 0$ を取る．これに対し $(\mathbf{v}_2,A\mathbf{v}_1)\neq 0$ なる $\mathbf{v}_2\neq 0$ が存在する．$(A\mathbf{v}_2,\mathbf{v}_1)\neq 0$ より $A\mathbf{v}_2\neq 0$，さらに $A\mathbf{v}_1$, $A\mathbf{v}_2$ は 1 次独立となることがわかるが，$\operatorname{rank} A=2$ なので $A\mathbf{v}_1$, $A\mathbf{v}_2$ が A の像空間の基底になっている．また任意のベクトル $\mathbf{x}$

は

$$\mathbf{x} = a\,\mathbf{v}_1 + b\mathbf{v}_2 + \mathbf{y}, \quad a, b \in \mathbf{R},\ \mathbf{y} \in \ker A$$

と一意的に書ける（以上を確かめよ）．$\ker A$ は $n-2$ 次元部分空間である．$\ker A$ の基底を

$$\mathbf{v}_3, \cdots, \mathbf{v}_n$$

として，必要ならば $\mathbf{v}_2$ を $\frac{1}{(\mathbf{v}_2, A\mathbf{v}_1)}\mathbf{v}_2$ で置き換えて $(\mathbf{v}_2, A\mathbf{v}_1) = 1$ とする．すると $(\mathbf{v}_1, A\mathbf{v}_2) = -1$ となる．

$$(\mathbf{v}_1, A\mathbf{v}_k) = 0,\ k \neq 2, \quad (\mathbf{v}_2, A\mathbf{v}_k) = 0,\ k \neq 1, \quad (\mathbf{v}_j, A\mathbf{v}_k) = 0,\ j \geq 3$$

がわかるので $\mathbf{v}_1$, $\mathbf{v}_2$ を第 1，2 列とするような基底に変換する行列 P を取ると

$${}^tPAP = \begin{pmatrix} 0 & -1 & 0 & \cdots & \cdots & 0 \\ 1 & 0 & 0 & \cdots & \cdots & 0 \\ 0 & 0 & 0 & \cdots & \cdots & 0 \\ . & \cdots & \cdots & \cdots & \cdots & . \\ 0 & 0 & \cdots & \cdots & \cdots & 0 \end{pmatrix}.$$

$\operatorname{rank} A = 2$ なる行列が標準系 (3.7) になることが示された．

4. $1 \leq k \leq p$ に対して $\operatorname{rank} A = 2k-1$ なる交代行列が存在しないと仮定して，$\operatorname{rank} A = 2p+1$ なる交代行列が存在しないことを証明しよう．

　A を $\operatorname{rank} A = 2p+1$ なる交代行列としよう．

　$(A\mathbf{v}_1, \mathbf{v}_1) = (A\mathbf{v}_2, \mathbf{v}_2) = 0$, $(\mathbf{v}_1, A\mathbf{v}_2) = -1$ となるベクトル $\mathbf{v}_1$, $\mathbf{v}_2$ を取る．$\mathbf{v}_1$, $\mathbf{v}_2$ が張る部分空間の 直交補空間を W とする．$\operatorname{rank} A = 2p+1 \geq 3$ だから $A\mathbf{v}_k \in W$ なるベクトル $\mathbf{v}_k$, $k = 3, \cdots, 2p+1$ が取れる：

$$(\mathbf{v}_k,\, A\mathbf{v}_1) = (\mathbf{v}_k,\, A\mathbf{v}_2) = 0, \quad k = 3, \cdots, 2p+1.$$

さらにベクトル $\mathbf{v}_k \in \ker A$, $k = 2p+2, \cdots, n$, を取り $\{\mathbf{v}_k\}_k$ が基底となるようにする．基底 $\{\mathbf{v}_k\}_k$ に変換する行列を P とすると，

$$
{}^tPAP = \begin{pmatrix} 0 & -1 & 0 & \cdots & 0 \\ 1 & 0 & 0 & \cdots & 0 \\ 0 & 0 & \cdots & \cdots & \cdots \\ \cdots & \cdots & \cdots & B & \cdots \\ 0 & 0 & \cdots & \cdots & \cdots \end{pmatrix}
$$

と書けていることがわかる．この行列 ${}^tPAP = A' = \left(a'_{jk} \right)$ の成分は

$$
a'_{jk} = (\,\mathbf{v}_j,\, A\mathbf{v}_k\,) = -(\,A\mathbf{v}_j,\, \mathbf{v}_k\,) = -a'_{kj}
$$

で与えられることに注意しよう．すると $\operatorname{rank}{}^tP'AP' = \operatorname{rank} A = 2p+1$ だから B は $\operatorname{rank} B = 2p-1$ なる交代行列になるが，仮定よりそれは存在しない．ゆえに $\operatorname{rank} A = 2p+1$ であり得ない．

5. $\operatorname{rank} A = 2p$ なる交代行列に対して (3.7) が示されたと仮定して，$\operatorname{rank} A = 2(p+1)$ なる交代行列 A を考えよう．これまでと同じく，$(A\mathbf{v}_1, \mathbf{v}_1) = (A\mathbf{v}_2, \mathbf{v}_2) = 0$, $(\mathbf{v}_1, A\mathbf{v}_2) = -1$ となるベクトル $\mathbf{v}_1$, $\mathbf{v}_1$ を取る．前のステップと同様な基底を取り，$\mathbf{v}_1$, $\mathbf{v}_2$ を第 1，2 列とするように基底変換を行えば

$$
{}^tPAP = \begin{pmatrix} 0 & -1 & 0 & \cdots & 0 \\ 1 & 0 & 0 & \cdots & 0 \\ 0 & 0 & \cdots & \cdots & \cdots \\ \cdots & \cdots & \cdots & C & \cdots \\ 0 & 0 & \cdots & \cdots & \cdots \end{pmatrix}.
$$

C は $\operatorname{rank} C = 2p$ なる交代行列だから，帰納法の仮定より (3.7) のかたちの行列になるよう基底変換ができる．この基底変換を合成すれば A が (3.7) のかたちに変換される．□

3.2.2 Pfaffian

$(2p+1) \times (2p+1)$ 交代行列 A の行列式 $|A| = 0$ である．一方，$(2p) \times (2p)$ 交代行列 A は $\operatorname{rank} A = 2p$ なら適当な直交行列 P により (3.7) のかたちに書ける，また右辺の行列式は 1 であるから，行列式 $|A|$ は

$$|A| = |P|^2 = |P|^2(-1)^{p(p-1)}$$

に等しい．$(-1)^{p(p-1)} = 1$ に注意．この平方根を取った $|P|(-1)^{\frac{p(p-1)}{2}}$ を交代行列 A の **Pfaffian** という．

$$\mathrm{Pf}\, A \;=\; |P|(-1)^{\frac{p(p-1)}{2}}\;.$$

定義より

$$|A| = (\mathrm{Pf}\, A)^2.$$

が成り立つ．

問.

$$\mathrm{Pf}\, {}^tQAQ \;=\; |Q|\, \mathrm{Pf}\, A$$

を示せ．

例.

$$A = \begin{pmatrix} 0 & p & q & r \\ -p & 0 & s & t \\ -q & -s & 0 & u \\ -r & -t & -u & 0 \end{pmatrix}.$$

$$\mathrm{Pf}\, A = pu - qt + rs.$$

3.2.3 Cayley 変換

直交行列と交代行列との 1 対 1 な対応を与える **Cayley 変換**と呼ばれる変換がある．

補題 60.

-1 は交代行列の固有値にならない．したがって $|E + A| \neq 0$, すなわち逆行列 $(E + A)^{-1}$ が存在する．

なぜなら，もし $\mathbf{u} \neq 0$ が A の固有値 -1 に属する固有ベクトル，すなわち $A\mathbf{u} = -\mathbf{u}$ なら

$$-(\mathbf{u}, \mathbf{u}) = (A\mathbf{u}, \mathbf{u}) = -(\mathbf{u}, A\mathbf{u}) = -(\mathbf{u}, -\mathbf{u}) = (\mathbf{u}, \mathbf{u})$$

ゆえ $(\mathbf{u}, \mathbf{u}) = 0$，矛盾． □

交代行列 A に対して

$$T = (E+A)^{-1}(E-A)$$

と置く.

$$(E+A)(E-A) = E + A - A - AA = (E-A)(E+A)$$

だから

$$T = (E-A)(E+A)^{-1} \tag{3.8}$$

とも書ける.

T が直交行列になることがわかる．実際,

$$\begin{aligned} {}^tT\,T &= [{}^t((E+A)^{-1})\,{}^t(E-A)]\,[(E+A)^{-1}(E-A)] \\ &= [(E+{}^tA)^{-1}(E-{}^tA)]\,[(E+A)^{-1}(E-A)] \end{aligned}$$

A は交代行列だから ${}^tA = -A$ ゆえ

$$= (E-A)^{-1}(E+A)(E+A)^{-1}(E-A) = E.$$

したがって T は直交行列である．ここで 1.9.3 節の式 (1.48) より ${}^t(A^{-1}) = ({}^tA)^{-1}$ となることを使った.

また -1 は T の固有値とならない．なぜなら $T\mathbf{v} = -\mathbf{v}$, $\mathbf{v} \neq 0$ とするなら

$$-\mathbf{v} = T\mathbf{v} = (E+A)^{-1}(E-A)\mathbf{v} = (E+A)^{-1}(\mathbf{v} - A\mathbf{v}),$$

$$-(E+A)\mathbf{v} = \mathbf{v} - A\mathbf{v},$$

だから $-\mathbf{v} = \mathbf{v} = 0$, 矛盾. T は -1 を固有値としない直交行列であるから 命題 45 (1) の対偶により $|T| = 1$ となる.

逆に，-1 を固有値としない直交行列 T に対して

$$A = (E-T)(E+T)^{-1} \tag{3.9}$$

とおけば（これは定義できて）A は交代行列になる.

問． この最後の主張を次のように証明せよ：

1. -1 を固有値としない直交行列 T に対して $E+T$ の逆行列が存在する.

2. $E+T$ と $E-T$ は可換である.

$$(E+T)(E-T) = (E-T)(E+T).$$

3. $(E+T)^{-1}$ と $E-T$ は可換である.

$$(E+T)^{-1}(E-T)=(E-T)(E+T)^{-1}.$$

4. $A=(E-T)\,(E+T)^{-1}$ は交代行列である.

直交行列と交代行列をたがいに変換する (3.8), (3.9) を **Cayley 変換**という.

問.

$$A=\begin{pmatrix} 0 & p & q & r \\ -p & 0 & s & t \\ -q & -s & 0 & u \\ -r & -t & -u & 0 \end{pmatrix}.$$

を Cayley 変換した直交行列を求めよ.

Chapter 4

行列の標準形 II

この節では，複素ベクトル空間の線形写像について述べる．

実線形写像の議論も，その固有値を複素数の範囲まで広げて考える必要があった．行列のくわしい性質（標準形を求めること）を知るには複素ベクトル空間にまで広げて議論する必要がある．

この節では（複素）ベクトル空間に計量があるかないかに関わらない性質を調べる．次の章で，2 章の議論に対応して計量を持つ複素ベクトル空間およびその複素線形写像を調べる．

4.1 複素ベクトル空間

ベクトル空間は複素数を係数とする場合にも考えることができる．

複素ベクトル空間 $(V; +, \cdot)$ の定義は 1.1.1 節の定義で実数 $c \in \mathbf{R}$ のところを，複素数 $c \in \mathbf{C}$ で置き換えればよい．

集合 V と，V 上の演算，

$$V \times V \stackrel{+}{\longmapsto} V \tag{4.1}$$

$$\mathbf{C} \times V \stackrel{\cdot}{\longmapsto} V \tag{4.2}$$

が与えられたとする．

次の条件 1 および 2 が満たされるとき $(V; +, \cdot)$ を**複素ベクトル空間**という：

1. 演算 $+$

$$V \times V \ni (\mathbf{u}, \mathbf{v}) \longmapsto \mathbf{u} + \mathbf{v} \in V \tag{4.3}$$

は次の 4 条件を満たす：

(i)

$$(\mathbf{u} + \mathbf{v}) + \mathbf{w} = \mathbf{u} + (\mathbf{v} + \mathbf{w})$$

(ii)

$$\mathbf{u} + \mathbf{v} = \mathbf{v} + \mathbf{u}$$

(iii) あるベクトル $\mathbf{0} \in V$ が存在して，

$$\mathbf{0} + \mathbf{v} = \mathbf{v}, \quad \forall \mathbf{v} \in V$$

が成り立つ．

(iv) $\forall \mathbf{v} \in V$ に対して $\mathbf{v} + (-\mathbf{v}) = \mathbf{0}$ を満たす $(-\mathbf{v}) \in V$ がある

2. 演算 ·

$$\mathbf{C} \times V \ni (a, \mathbf{v}) \longmapsto a \cdot \mathbf{v} \in V \tag{4.4}$$

は次の4条件を満たす：

(i)

$$(ab) \cdot \mathbf{v} = a \cdot (b \cdot \mathbf{v})$$

(ii)

$$1 \cdot \mathbf{v} = \mathbf{v}$$

(iii)

$$c \cdot (\mathbf{u} + \mathbf{v}) = c \cdot \mathbf{u} + c \cdot \mathbf{v}$$

(iv)

$$(a + b) \cdot \mathbf{v} = a \cdot \mathbf{v} + b \cdot \mathbf{v}$$

1.1.1 節をそのまま書き写している．このように実係数を複素係数に書き直すだけの主張は，以下ではくりかえして書かないことにしよう．

二つの複素ベクトル空間 V_1 と V_2 の間の線形写像（複素線形写像）は $\forall a, b \in$ C, $\forall \mathbf{u}, \mathbf{v} \in V_1$ に対して

$$f(a \cdot \mathbf{u} + b \cdot \mathbf{v}) = a \cdot f(\mathbf{u}) + b \cdot f(\mathbf{v}) \tag{4.5}$$

を満たす写像 $f : V_1 \longmapsto V_2$ のことである (1.6).

二つの複素ベクトル空間が複素線形同型であることの定義も同様にできる (1.7).

複素ベクトル空間 V のベクトル $\mathbf{v}_1, \mathbf{v}_2, \cdots \mathbf{v}_m$，が1次独立（線形独立）であるとは，次の条件が成り立つことである：

- ある数 $c_1, \cdots, c_m \in \mathrm{C}$ に対して

$$c_1\mathbf{v}_1 + c_2\mathbf{v}_2 + \cdots c_m\mathbf{v}_m = 0$$

が成り立てば

$$c_1 = c_2 = \cdots = c_m = 0$$

である.

こうして，複素ベクトル空間 V の基底，また複素ベクトル空間 V の次元

$$\dim_{\mathrm{C}} V$$

や,（複素）線形写像の階数，rank が定義される.

定理 7 は複素ベクトル空間の場合にも成り立ち，

定理 61.

次元の等しい二つの複素ベクトル空間は（複素）線形同型となる.

$\dim_{\mathrm{C}} V = n$ の複素ベクトル空間は C^n と（複素）線形同型である．これにより複素ベクトル空間の基底を一つ定めるとベクトル

$$\mathbf{v} = v_1\mathbf{e}_1 + \cdots + v_n\mathbf{e}_n.$$

の複素座標 $\begin{pmatrix} v_1 \\ v_2 \\ \vdots \\ v_n \end{pmatrix} \in \mathrm{C}^n$ が定まる.

m 次元複素ベクトル空間から n 次元複素ベクトル空間への複素線形写像は，各複素ベクトル空間の基底を選ぶとき，$n \times m$ 複素行列で表される：

$$A = \begin{pmatrix} a_{11} & a_{12} & \cdots & a_{1m} \\ a_{21} & a_{22} & \cdots & a_{2m} \\ \cdot & \cdot & \cdots & \cdot \\ \cdot & \cdot & \cdots & \cdot \\ a_{n1} & a_{n2} & \cdots & a_{nm} \end{pmatrix}, \qquad a_{ij} \in \mathrm{C}$$

1.1 節から 1.9 節の結果を複素ベクトル空間に書き直すのはやさしい．とくに複素係数の連立 1 次方程式の解となる複素ベクトルを表示する Cramer の公式が成り立つ.

問. 複素ベクトル空間に関する以上の主張およびその証明をきちんと書いてみること.

複素ベクトル空間 V の双対空間は複素線形写像 $f: V \longmapsto \mathrm{C}$ の全体の集合

$$V^* = \{ f: V \longmapsto \mathrm{C}, \text{線形写像} \}$$

である. 定理 32 と同様に, V^* が複素ベクトル空間であることがわかる.

問. V^* が複素ベクトル空間であることを証明せよ.

定義 62.

複素ベクトル空間 V の線形変換 $A: V \longmapsto V$ に対して,

$$A\mathbf{v} = \lambda \mathbf{v} \tag{4.6}$$

を満たす数 $\lambda \in \mathrm{C}$ とベクトル $\mathbf{v} \neq \mathbf{0}$ が存在するとき, $\lambda \in \mathrm{C}$ を A の一つの**固有値**といい, ベクトル $\mathbf{v}$ を A の固有値 λ に属する（一つの）**固有ベクトル**という.

固有値 λ に属する固有ベクトル の全体は（複素）ベクトル空間になる. これを固有値 λ の**固有空間** V_λ という.

問. 固有値 λ の**固有空間** V_λ が複素ベクトル空間になることを証明せよ.

命題 63.

行列 A の相異なる固有値に対する固有ベクトルは 1 次独立である.

$\lambda \in \mathbf{C}$ と $\mu \in \mathrm{C}$ を相異なる二つの固有値とすると,

$$A\mathbf{u} = \lambda\mathbf{u}, \quad A\mathbf{v} = \mu\mathbf{v}$$

を満たすベクトル $\mathbf{u}$ と $\mathbf{v}$ がある. $\mathbf{u}$ と $\mathbf{v}$ が 1 次独立となることを示そう. もし $\mathbf{u}$ と $\mathbf{v}$ が 1 次独立でないならば, $a\mathbf{u} + b\mathbf{v} = 0$ となる数 $a, b \in \mathbf{C}$ で, a または b が 0 でないものがある. $b \neq 0$ としてよい.

$$A(a\mathbf{u} + b\mathbf{v}) = 0$$

だが左辺は $aA\mathbf{u} + bA\mathbf{v} = a\lambda\mathbf{u} + b\mu\mathbf{v}$ だから, $b\mu\,\mathbf{v} = -\lambda\, a\, \mathbf{u} = \lambda\, b\, \mathbf{v}$. ゆえに $(\lambda - \mu)b\,\mathbf{v} = 0$ だが $b\,\mathbf{v}$ は 0 ベクトルでないから $\lambda - \mu = 0$. これは矛盾しているので, $\mathbf{u}$ と $\mathbf{v}$ が 1 次独立. □

$\lambda \in \mathrm{C}$ が A の固有値であるためには

$$|A - \lambda E| = 0 \tag{4.7}$$

が必要十分である，61 ページ，(1.53) とその前後を見よ．

定義 64.

$$P_A(t) = |tE - A| = t^n - \mathrm{tr}A\, t^{n-1} + \cdots + (-1)^n|A| \tag{4.8}$$

を行列 A の固有多項式（特性多項式）という．

例 1.

$n \times n$ 行列

$$A = \begin{pmatrix} 0 & 1 & \cdots & \cdots & 0 \\ 0 & 0 & 1 & \cdots & 0 \\ \cdots & \cdots & \cdots & \cdots & \cdots \\ 0 & \cdots & \cdots & \cdots & 1 \\ 0 & \cdots & \cdots & \cdots & 0 \end{pmatrix}$$

の特性多項式は

$$P_A(t) = t^n.$$

したがって，固有値は 0．固有ベクトル $\mathbf{v}_0 = \begin{pmatrix} v_1 \\ v_2 \\ \vdots \\ v_n \end{pmatrix}$ は $A\mathbf{v}_0 = 0\mathbf{v}_0$ より

$v_2 = v_3 = \cdots = v_n = 0$，長さを 1 にしておくと $\mathbf{v}_0 = \begin{pmatrix} 1 \\ 0 \\ \vdots \\ 0 \end{pmatrix}$.

例 2.

$2p \times 2p$ 標準形交代行列：

$$A = \begin{pmatrix} 0 & 1 & \cdots & \cdots & 0 \\ -1 & 0 & 0 & \cdots & 0 \\ \cdots & \cdots & \cdots & \cdots & \cdots \\ 0 & \cdots & \cdots & 0 & 1 \\ 0 & \cdots & \cdots & -1 & 0 \end{pmatrix}$$

の特性多項式は

$$P_A(t) = (t^2+1)^p$$

ゆえ，固有値は $\pm\sqrt{-1}$.

固有ベクトルの基底，$\mathbf{v}_k^{\pm} = \begin{pmatrix} u_1^k \\ v_1^k \\ u_2^k \\ \vdots \\ u_p^k \\ v_p^k \end{pmatrix}$，$k = 1, 2, \cdots, p$ は

$$A\mathbf{v}_k^{\pm} = \pm\sqrt{-1}\mathbf{v}_k^{\pm},$$

すなわち $v_i^k = \pm\sqrt{-1}u_i^k$, $i = 1, \cdots, p$ を満たすから，

$$\mathbf{v}_k^{\pm} = \begin{matrix} \\ \\ \\ 2k-1 \cdots \\ 2k \quad\;\; \cdots \\ \\ \\ \\ \end{matrix} \begin{pmatrix} 0 \\ 0 \\ \vdots \\ 1 \\ \pm\sqrt{-1} \\ 0 \\ \vdots \\ 0 \end{pmatrix}, \qquad k = 1, \cdots, p,$$

ここに $2k-1$ 列に 1, $2k$ 列に $\pm\sqrt{-1}$ のベクトル，と取れる．

4.1.1 Cayley-Hamilton の定理

定理 65.

$$P_A(A) = |tE - A| = 0. \tag{4.9}$$

この意味は $n \times n$ 行列 A の固有多項式 $P_A(t) = \sum_{k=0}^{n} a_k\, t^{n-k}$ の変数 t に行列 A を代入した行列の多項式

$$\sum_{k=0}^{n} a_k\, A^{n-k}$$

が 0 行列になるということである.

行列 $tE - A$ の (i,j) 余因子を $\Phi_{ij}(t)$ とすると, $\Phi_{ij}(t)$ は $(n-1)\times(n-1)$ 行列の行列式だから高々 $(n-1)$ 次の t の多項式である.

$$\Phi_{ij}(t) = b_{ij}^{(0)} t^{n-1} + b_{ij}^{(1)} t^{n-2} + \cdots + b_{ij}^{(n-1)}.$$

(i,j) 成分を $b_{ij}^{(k)}$ とする行列の転置行列を

$$B^{(k)} = \begin{pmatrix} b_{11}^{(k)} & \cdots & b_{n1}^{(k)} \\ b_{12}^{(k)} & \cdots & b_{n2}^{(k)} \\ \cdot & \cdots & \cdots \\ b_{1n}^{(k)} & \cdots & b_{nn}^{(k)} \end{pmatrix}$$

と書く.

行列 $tE - A$ の余因子行列, すなわち (i,j) 成分を $\Phi_{ij}(t)$ とする行列を $\mathbf{\Phi}(t)$ と書くと,

$${}^{t}\mathbf{\Phi}(t) = B^{(0)} t^{n-1} + B^{(1)} t^{n-2} + \cdots + B^{(n-1)}$$

となる.

行列 $tE - A$ に (1.22), (1.23) の公式を適用すると

$$|\,tE - A\,|\,E = (\,tE - A\,)\ {}^{t}\mathbf{\Phi}(t) = {}^{t}\mathbf{\Phi}(t)\,(tE - A).$$

すなわち

$$\begin{aligned} P_A(t)\,E &= (tE - A)\,(\,B^{(0)} t^{n-1} + B^{(1)} t^{n-2} + \cdots + B^{(n-1)}\,) \\ &= (\,B^{(0)} t^{n-1} + B^{(1)} t^{n-2} + \cdots + B^{(n-1)}\,)\,(tE - A) \end{aligned}$$

両辺の, たとえば t^{n-k-1} の係数となる行列を見て

$$(-AB^{(k)} + B^{(k+1)})t^{n-k-1} = (B^{(k+1)} - B^{(k)}A)t^{n-k-1}$$

だから, $k = 0, 1, \cdots, n-1$ に対して, A と $B^{(k)}$ は可換である:

$$AB^{(k)} = B^{(k)}A.$$

したがって この行列係数の多項式で変数 t を A で置き換えることが意味を持つ．すると右辺は，$(tE - A)$ に A を代入した $AE - A = 0$ を因子として持つから 0 となる．ゆえに

$$P_A(A) = 0. \qquad \square$$

4.1.2 冪ゼロ行列

$n \times n$ 行列 N がある $p \geq 1$ に対して $N^p = 0$ を満たすとき，N を**冪ゼロ行列**という．

問. 冪ゼロ行列の固有値は 0 のみであることを証明せよ．

これより冪ゼロ行列 N の固有多項式は

$$P_N(t) = t^n$$

となる．

この結果，Cayley–Hamilton の定理より，

命題 66.

$n \times n$ 冪ゼロ行列 N に対して

$$N^n = 0$$

が成り立つ．

115 ページ，例 1 の行列は代表的な冪ゼロ行列である．次の節で見るように冪ゼロ行列は対角化できない行列の代表的なものである．

冪ゼロ行列が大切な役割を果たすことは，任意の行列 A が，対角化可能な行列 S と冪ゼロ行列 N の和に一意的に表せることからもわかるだろう：

$$A = S + N.$$

この事実の証明については，佐武：p.146–147 を見よ．

4.2 対角化できる行列

4.2.1 対角化できるための条件

(対称とはかぎらない) 一般の行列の対角化について，これまでの方法でわかることを整理しておこう.

定理 67.

(実係数あるいは複素係数の) n 次元ベクトル空間の線形変換 A について，次の五つの条件は互いに同値である：

1. V の適当な基底 $\mathbf{e}_1, \cdots \mathbf{e}_n$ により A を表す行列は対角行列である.

2. A の固有ベクトルよりなる V の基底 $\mathbf{e}_1, \mathbf{e}_2, \cdots \mathbf{e}_n$ がある.

3. A の相異なる固有値の全体を $\lambda_1, \lambda_2, \cdots, \lambda_r$ とするとき，V は固有空間の直和

$$V = V(\lambda_1) \oplus V(\lambda_2) \oplus \cdots \oplus V(\lambda_r)$$

と分解する．ここに $V(\lambda_k) = \{\mathbf{v} \in V; A\mathbf{v} = \lambda_k \mathbf{v}\}$ である.

4. A の固有多項式 $P_A(t) = |tE - A|$ は

$$P_A(t) = (t - \lambda_1)^{m_1}(t - \lambda_2)^{m_2} \cdots (t - \lambda_r)^{m_r}$$

と 1 次式に因数分解される．ここに $m_i = \dim V(\lambda_i)$.

5. A の固有多項式 $P_A(t)$ は

$$P_A(t) = (t - \lambda_1)^{m_1}(t - \lambda_2)^{m_2} \cdots (t - \lambda_r)^{m_r}, \quad m_i = \dim V(\lambda_i),$$

と 1 次式に因数分解され

$$\mathrm{rank}(\lambda_i E - A) = n - m_i.$$

証明.

1. $(1 \Longleftrightarrow 2)$

基底 $\mathbf{e}_1, \mathbf{e}_2, \cdots, \mathbf{e}_n$ に関して A が対角行列

$$A = \begin{pmatrix} \mu_1 & & & \\ & \mu_2 & & \\ & & \ddots & \\ & & & \mu_n \end{pmatrix}$$

になるなら

$$A\,\mathbf{e}_k = \mu_k\,\mathbf{e}_k,\ \ k = 1, \cdots, n.$$

逆にこのような固有ベクトルを基底にすれば A は対角行列. □

2. $(2 \Longleftrightarrow 3)$
2. における μ_i を相異なるものに分けて $\lambda_1, \cdots \lambda_r$ とする. $\mu_i = \lambda_k$ とすれば $\mathbf{e}_i \in V(\lambda_k)$ である. $\mathbf{e}_i$, $i = 1, \cdots, n$ は基底で V を張るから V は部分ベクトル空間 $V(\lambda_k)$, $k = 1, \cdots, r$, の和になる. 一方, 命題 36 または命題 63 により各 $V(\lambda_k)$ は 0 ベクトル以外に共通部分空間をもたないから, この和は直和になる. 逆に V がこのように $V(\lambda_k)$, $k = 1, \cdots, r$ の直和なら, 各 $V(\lambda_k)$ から基底を取って並べると 2. の主張が成り立つ. □

3. $(3 \Longrightarrow 4)$
$m_k = \dim V(\lambda_k)$ だから, 各 $V(\lambda_k)$ から m_k 個の基底を取って並べた V の基底 $\mathbf{e}_1, \mathbf{e}_2, \cdots, \mathbf{e}_n$ に関して (各 $V(\lambda_k)$ のベクトル $\mathbf{u}$ に対して $A\mathbf{u} = \lambda_k \mathbf{u}$ だから),

$$A = \begin{pmatrix} \lambda_1 E_1 & & & \\ & \lambda_2 E_2 & & \\ \cdot & \cdot & \cdot & \cdot \\ & & & \lambda_r E_r \end{pmatrix}, \qquad E_k \text{ は } m_k \times m_k \text{ 単位行列},$$

となる. したがって A の固有多項式は

$$P_A(t) = (t - \lambda_1)^{m_1}(t - \lambda_2)^{m_2} \cdots (t - \lambda_r)^{m_r}.$$ □

4. $(3 \Longleftarrow 4)$
固有多項式の根, すなわち固有値 λ_k の固有空間が $V(\lambda_k)$ であった. 異なる $k \neq l$ に対して $V(\lambda_k) \oplus V(\lambda_l)$ は直和になることがわかる ($\mathbf{u} \in V(\lambda_k) \cap V(\lambda_l) \Longrightarrow (\lambda_k - \lambda_l)\mathbf{u} = 0$ だから). これより部分ベクトル空間

$$W = V(\lambda_1) \oplus V(\lambda_2) \oplus \cdots \oplus V(\lambda_r)$$

は直和になる. したがって

$$\dim W = m_1 + m_2 + \cdots m_r = n = \dim V$$

で $V = W$. □

5. $(4 \Longleftrightarrow 5)$
定理 14 より

$$n = \dim \ker(\lambda_k E - A) + \dim(\lambda_k E - A) V = \dim V(\lambda_k) + \mathrm{rank}(\lambda_k E - A)$$

ゆえに

$$\mathrm{rank}(\lambda_k E - A) = n - m_k. \qquad \square$$

• このように証明が済んでみれば，これまでに知っていることばかり使って簡単に証明できることがわかる．はじめに定理を見たときは 知っていることを使って証明できそうだが，いったいどこから手をつければ … と思ったであろう．線形代数の証明はそのようなものが多い．

例 1.
$n \times n$ 行列

$$A = \begin{pmatrix} 0 & 1 & \cdots & \cdots & 0 \\ 0 & 0 & 1 & \cdots & 0 \\ \cdots & \cdots & \cdots & \cdots & \cdots \\ 0 & \cdots & \cdots & \cdots & 1 \\ 0 & \cdots & \cdots & \cdots & 0 \end{pmatrix} \tag{4.10}$$

は対角行列にできない．この行列に対して $P_A(t) = t^n$ で，固有値は 0 のみで正規な固有ベクトルは

$$\mathbf{v}_0 = \begin{pmatrix} 1 \\ 0 \\ \vdots \\ 0 \end{pmatrix}$$

のみである．固有空間は $V(0) = \mathbf{R}\mathbf{v}_0$ だから $\dim V(0) = 1$. ゆえに条件 4 の因数分解の式の右辺は $(t-0)^1 = t \neq P_A(t)$ ．条件 4 は満たされない．条件 5 の $\mathrm{rank}(0E - A) = n - \dim V(0) = n - 1$ は満たされているので用心！

例 2.

$2p \times 2p$ 交代行列：

$$A = \begin{pmatrix} 0 & 1 & \cdots & \cdots & 0 \\ -1 & 0 & 0 & \cdots & 0 \\ \cdots & \cdots & \cdots & \cdots & \cdots \\ 0 & \cdots & \cdots & 0 & 1 \\ 0 & \cdots & \cdots & -1 & 0 \end{pmatrix}$$

は対角化できる．

$$P_A(t) = (t^2+1)^p = (t+\sqrt{-1})^p(t-\sqrt{-1})^p.$$

ゆえ，固有値は $\pm\sqrt{-1}$.

固有ベクトルの基底は

$$\mathbf{v}_k^{\pm} = \frac{1}{\sqrt{2}} \begin{pmatrix} 0 \\ 0 \\ \vdots \\ 1 \\ \pm\sqrt{-1} \\ 0 \\ \vdots \\ 0 \end{pmatrix}, \qquad k = 1, \cdots, p.$$

ここに $(2k-1)$ 列に 1，$2k$ 列に $\pm\sqrt{-1}$ がある．ゆえに

$$m^{\pm} = \dim V(\pm\sqrt{-1}) = p.$$

この基底に変換すると A は

$$A = \begin{pmatrix} \sqrt{-1} & 0 & \cdots & \cdots & \cdots & \cdots & \cdots & 0 \\ 0 & \sqrt{-1} & 0 & \cdots & & \cdots\cdots & \cdots & \cdots \\ \cdots & \cdots & \cdots & \cdots & \cdots & \cdots & \cdots & \cdots \\ \cdots & \cdots & \cdots & \sqrt{-1} & 0 & \cdots & \cdots & \\ \cdots & \cdots & \cdots & \cdots & -\sqrt{-1} & 0 & \cdots & \cdots \\ 0 & \cdots & \cdots & \cdots & 0 & -\sqrt{-1} & 0 & \cdots \\ \cdots & \cdots & \cdots & \cdots & \cdots & \cdots & \cdots & \cdots \\ 0 & \cdots & \cdots & \cdots & \cdots & \cdots & 0 & -\sqrt{-1} \end{pmatrix} \tag{4.11}$$

と対角化される．ここに $\pm\sqrt{-1}$ が p 行ずつ．この基底変換は複素ベクトル空間での基底変換であることに注意しよう．

4.2.2 最小多項式

定義 68.

$n \times n$ 行列 A に対して，最高次の係数が 1 の複素係数の多項式 $F(x)$ で，$F(A) = 0$ を満たすようなもののうち次数が最小となるものを A の**最小多項式**という．A の最小多項式を $\varphi_A(x)$ と書く．

問. $F(A) = 0$ を満たす任意の多項式 $F = F(x)$ は最小多項式 φ_A で割り切れる．

これは，多項式の割り算 $F = Q\varphi + R$ をすると，余りの多項式 R が $R(A) = 0$ を満たし，次数が φ_A の次数より低いことからわかる．

Cayley–Hamilton の定理より固有多項式 P_A は $P_A(A) = 0$ を満たすから最小多項式 φ_A で割り切れる．したがって $\varphi_A(x) = 0$ の根はすべて固有多項式の根，すなわち固有値になる．逆に任意の A の固有値 λ に対して，最小多項式 $\varphi_A(x)$ は $(x - \lambda)$ で割り切れる．実際 $\mathbf{v} \neq 0$ を A の固有ベクトル；$A\mathbf{v} = \lambda\mathbf{v}$ とすれば，$0 = \varphi_A(A)\mathbf{v} = \varphi_A(\lambda)\mathbf{v}$ だから $\varphi_A(\lambda) = 0$．ゆえに $\varphi_A(x)$ の根の全体は固有値の全体と一致する．

例 3. $2p \times 2p$ 交代行列：

$$A = \begin{pmatrix} 0 & 1 & \cdots & \cdots & 0 \\ -1 & 0 & 0 & \cdots & 0 \\ \cdots & \cdots & \cdots & \cdots & \cdots \\ 0 & \cdots & \cdots & 0 & 1 \\ 0 & \cdots & \cdots & -1 & 0 \end{pmatrix}.$$

$$P_A(x) = (x^2+1)^p = (x+\sqrt{-1})^p(x-\sqrt{-1})^p.$$

最小多項式は

$$\varphi_A(x) = (x+\sqrt{-1})(x-\sqrt{-1}) = x^2+1.$$

例 4.

$$A = \begin{pmatrix} 0 & 1 & 0 & 0 \\ 0 & 0 & 1 & 0 \\ 0 & 0 & 0 & 1 \\ 0 & 0 & 0 & 0 \end{pmatrix} \tag{4.12}$$

$P_A(x) = x^4$ だった（例 1）から $A^4 = 0$. ゆえに最小多項式 $\varphi_A(x)$ は $\varphi_A(x) = x^k$, $k = 2, 3, 4$ のどれか，である．一方

$$A^2 = \begin{pmatrix} 0 & 0 & 1 & 0 \\ 0 & 0 & 0 & 1 \\ 0 & 0 & 0 & 0 \\ 0 & 0 & 0 & 0 \end{pmatrix} \neq 0, \qquad A^3 = \begin{pmatrix} 0 & 0 & 0 & 1 \\ 0 & 0 & 0 & 0 \\ 0 & 0 & 0 & 0 \\ 0 & 0 & 0 & 0 \end{pmatrix} \neq 0$$

だから

$$\varphi_A(x) = x^4.$$

補題 69.

$|T| \neq 0$ なる行列 T に対し

$$\varphi_{T^{-1}AT}(x) = \varphi_A(x). \tag{4.13}$$

実際 $A\mathbf{v} = \lambda\mathbf{v}$, $\mathbf{v} \neq 0$ とすれば $w = T^{-1}\mathbf{v}$ として $T^{-1}AT\mathbf{w} = \lambda\mathbf{w}$ だから $\varphi_{T^{-1}AT}$ の根と φ_A の根は 1 対 1 対応する．最高次の係数は 1 だからこの多項式は一致する．

定理 70.

（実係数あるいは複素係数の）n 次元ベクトル空間の線形変換 A について，次の六つの条件は互いに同値である：

1. V の適当な基底 $\mathbf{e}_1, \cdots, \mathbf{e}_n$ により A を表す行列は対角行列である.

2. A の固有ベクトルよりなる V の基底 $\mathbf{e}_1, \mathbf{e}_2, \cdots \mathbf{e}_n$ がある.

3. A の相異なる固有値の全体を $\lambda_1, \lambda_2, \cdots, \lambda_r$ とするとき，V は固有空間の直和

$$V = V(\lambda_1) \oplus V(\lambda_2) \oplus \cdots \oplus V(\lambda_r)$$

と分解する．ここに $V(\lambda_k) = \{\mathbf{v} \in V;\, A\mathbf{v} = \lambda_k \mathbf{v}\}$ である.

4. A の固有多項式 $P_A(t) = |tE - A|$ は

$$P_A(t) = (t-\lambda_1)^{m_1}(t-\lambda_2)^{m_2}\cdots(t-\lambda_r)^{m_r}$$

と 1 次式に因数分解される．ここに $m_i = \dim V(\lambda_i)$.

5. A の固有多項式 $P_A(t)$ は

$$P_A(t) = (t-\lambda_1)^{m_1}(t-\lambda_2)^{m_2}\cdots(t-\lambda_r)^{m_r}, \quad m_i = \dim V(\lambda_i),$$

と 1 次式に因数分解され

$$\operatorname{rank}(\lambda_i E - A) = n - m_i.$$

6. A の最小多項式 φ_A は重根を持たない:

$$\varphi_A(x) = (x-\lambda_1)(x-\lambda_2)\cdots(x-\lambda_r).$$

1 から 5 が同値であることはすでに見た.

$(1 \Longrightarrow 6)$

A が対角行列で対角成分のうち相異なるものが，$\lambda_1, \lambda_2, \cdots, \lambda_r$ とする．また各々の重複度を $m_1, m_2, \cdots, m_r$ としよう．行列 $A - \lambda_1 E$ を書いてみるとすぐわかるように，対角線のはじめから m_1 個に 0 が並んでいる．同じく $A - \lambda_i E$ の形も対角線のはじめから $\sum_{j=1}^{i-1} m_j + 1$ 番目から $\sum_{j=1}^{i} m_j$ 番目まで 0．したがって，これらの対角行列の積は 0 となる：

$$(A-\lambda_1 E)(A-\lambda_2 E)\cdots(A-\lambda_r E) = 0.$$

そこで多項式 $F(x)=(x-\lambda_1)(x-\lambda_2)\cdots(x-\lambda_r)$ を考えると $F(A)=0$. ゆえに最小多項式の定義より φ_A は F の約数である．また因数 $(x-\lambda_i)$ はすべて φ_A の約数であったから $F=\varphi_A$. ゆえに φ_A は重根を持たない． □

$(6 \Longrightarrow 4)$

最小多項式と固有多項式の相異なる根は一致し，それは相異なる固有値の全体であった．また，ともに最高次数の係数は1である．したがって

$$\varphi_A(x)=(x-\lambda_1)(x-\lambda_2)\cdots(x-\lambda_r)$$

ならば固有多項式 P_A は

$$P_A(t) = (t-\lambda_1)^{m_1}(t-\lambda_2)^{m_2}\cdots(t-\lambda_r)^{m_r}$$

と1次式に因数分解される． □

例 5.　$A^2=A$ なる行列（冪等行列）は対角化できる．実際，最小多項式は

$$\varphi_A(t)=t(t-1).$$

例 6.

$n\times n$ 行列

$$A=\begin{pmatrix} 0 & 1 & 0 & & & 0 \\ 0 & 0 & 1 & 0 & & \\ & & \cdots & \cdots & \cdots & 0 \\ & & \cdots & \cdots & \cdots & \\ & & \cdots & 0 & 1 & 0 \\ 0 & 0 & \cdots & & 0 & 1 \\ 1 & 0 & & & 0 & 0 \end{pmatrix}$$

（これは4.2.1節の例1の冪ゼロ行列（対角化できない）に近い形であり，また対称行列でもないから対角化はできなさそうだが，しかし以下に示すように対角化できる.）

固有多項式は

$$P_A(t)=t^n-1$$

固有値は，ζ を1の n 乗根 $\zeta=\cos\frac{2\pi}{n}+\sqrt{-1}\sin\frac{2\pi}{n}$ として

$$1, \zeta, \zeta^2, \cdots \zeta^{n-1}$$

である．したがって最小多項式

$$\varphi_A(t) = \Pi_{k=0}^{n-1}(t - \zeta^k)$$

は重根を持たない，定理 67 より A は対角化でき，それは

$$A \sim \begin{pmatrix} 1 & 0 & 0 & & 0 \\ 0 & \zeta & 0 & & \\ & & \cdots & & \\ & & \cdots & & 0 \\ 0 & & \cdots & \zeta^{n-2} & 0 \\ 0 & 0 & & & \zeta^{n-1} \end{pmatrix}$$

複素ベクトル空間の線形写像としての複素行列が対角化できる条件が定理 70 に述べられたが，例 1，(4.10) のように対角化できない行列もあることがわかった．そこで，対角化できない行列にもあてはまる別の “**標準形**” を見つけることが問題となる．どんな形になるかわからないものをやみくもに探すよりも，定理 67 や定理 70 の各条件を眺めて，それを拡張したときにどんな “標準形” が出てくるかを調べてみるのが良い手がかりとなる．

以下において，定理 67 の 3 番目の条件，あるいは定理 70 の 4 番目の条件：「A の相異なる固有値の全体を $\lambda_1, \lambda_2, \cdots, \lambda_r$ とするとき，V は固有空間の直和

$$V = V(\lambda_1) \oplus V(\lambda_2) \oplus \cdots \oplus V(\lambda_r)$$

と分解する．ここに $V(\lambda_k) = \{\mathbf{v} \in V;\ A\mathbf{v} = \lambda\mathbf{v}\}$ である．」
を拡張して，対応する 1 番目の条件がどのように置き換わるかを眺めることにより，対角化できない行列にもあてはまる “標準形” を探そう．

4.3 広い意味の固有空間

さて線形写像 $A : V \longmapsto V$ の “標準形” を探すとは，ベクトル空間 V をいくつかの部分空間に分け，各々の小部分空間の上に A を制限すると対角形など簡単な形になるようにすることである．ではどのように分ければよいかという

と，固有空間，$A\mathbf{v}=\lambda\mathbf{v}$ なる $\mathbf{v}$ の集まりに分けると，その上に制限した A は定数写像 λE になるので，これは簡単な形だから，固有値ごとの固有空間に分けるのがもっとも自然だろう．定理 67 では全空間 V が固有空間の直和になれば対角形になることを保証しているので，それよりゆるい分け方を考えることに意味が出てくる．

定義 71.

A の固有値 λ に対して

$$W_\lambda=\Big\{\mathbf{v}\in V;\quad \text{ある}\ k=0,1,\cdots\ \text{に対して}\quad (A-\lambda E)^k\mathbf{v}=0\Big\} \tag{4.14}$$

を**広い意味の固有空間**という．

定理 60 の条件 3 で，固有空間を“広い意味の固有空間”に変えると同値な条件 1 はどうなるかを見れば，それがいま求めようとしている“標準形”になる．

定理 72.

$n\times n$ 行列 A の相異なる固有値を $\lambda_1,\lambda_2,\cdots,\lambda_r$ とする．このとき V はこれらの固有値の広い意味の固有空間の直和に分解される：

$$V=W_{\lambda_1}\oplus W_{\lambda_2}\oplus\cdots W_{\lambda_r}. \tag{4.15}$$

このとき λ_i の重複度を m_i とすれば

$$\dim W_{\lambda_i}=m_i.$$

証明. 固有多項式 $P_A(t)$ を因数分解して $P_A(t)=\Pi_{i=1}^r(t-\lambda_i)^{m_i}$ とする．k 番目の因数を抜いた多項式を

$$f_k(t)=\frac{P_A(t)}{(t-\lambda_k)^{m_k}}=\Pi_{i=1,i\neq k}^r(t-\lambda_i)^{m_i}$$

とすると $f_k(t),k=1,\cdots,r$ は共通因数を持たない（共通因数は $(t-\lambda_j)^d$ の形だがそれは $f_j(t)$ の因数になれない）．したがって，多項式の最大公約数の性質 (佐武；p.142) より

$$M_1(t)f_1(t)+\cdots+M_r(t)f_r(t)=1 \tag{4.16}$$

なる多項式 $M_1(t),\cdots,M_r(t)$ がある．これより変数に行列 A を入れた

$$M_1(A)f_1(A) + \cdots + M_r(A)f_r(A) = E$$

が成り立つ．$B_i = M_i(A)f_i(A)$ と置くと

1.
$$B_1 + B_2 + \cdots + B_r = E.$$

2.
$$B_j B_k = 0, \quad j \neq k.$$

なぜなら

$j \neq k$ なら $f_j(t)f_k(t)$ は $P_A(t)$ で割り切れる．Cayley–Hamilton の定理より $P_A(A) = 0$ だから $f_j(A)f_k(A) = 0$. ゆえに $B_j B_k = 0$.

3. B_i は冪等行列である．なぜなら

$$B_i = B_i E = B_i(B_1 + \cdots B_r) = B_i^2.$$

定理 38 を適用して V が部分空間 $B_i V = \{\mathbf{x} \in V; B_i\mathbf{x} = \mathbf{x}\}, i = 1, \cdots, r,$ の直和に分解される．

$B_i V$ が W_{λ_i} と一致することを示そう．

$(t - \lambda_i)^{m_i} f_i(t) = P_A(t)$ だから

$$(A - \lambda_i E)^{m_i} f_i(A) = P_A(A) = 0.$$

ゆえに $(A - \lambda_i E)^{m_i} B_i = 0$ となり，$\forall \mathbf{u} \in B_i V$ は $(A - \lambda_i E)^{m_i}\mathbf{u} = 0$ を満たすから $B_i V \subset W_{\lambda_i}$. 逆に $\mathbf{x} \in W_{\lambda_i}$ すなわち $(A - \lambda_i E)^l \mathbf{x} = 0$ としよう．式 $(t - \lambda_i)^l$ と $M_i(t)f_i(t)$ は互いに素である．なぜなら $k \neq i$ に対して $M_k(t)f_k(t)$ は $(t - \lambda_i)$ で割り切れるので $(t - \lambda_i)^l$ と $M_i(t)f_i(t)$ の共通因子があれば (4.16) が $(t - \lambda_i)$ で割り切れて矛盾するから．ゆえに，ある多項式 $M(t)$, $N(t)$ に対して

$$M(t)(t - \lambda_i)^l + N(t)M_i(t)f_i(t) = 1.$$

ゆえに

$$M(A)(A - \lambda_i E)^l + N(A)B_i = 1.$$

したがって

$$B_i N(A)\mathbf{x} = N(A)B_i\mathbf{x} = M(A)(A - \lambda_i E)^l \mathbf{x} + N(A)B_i\mathbf{x} = \mathbf{x}.$$

$\mathbf{x} = B_i N(A)\mathbf{x} \in B_i V$ が示されたから $W_{\lambda_i} \subset B_i V$.

ここで $B_i = M_i(A)f_i(A)$ と $N(A)$ が可換 $B_iN(A) = N(A)B_i$ なことを使ったが，これは多項式 $M_i(t)f_i(t)N(t) = N(t)M_i(t)f_i(t)$ に A を代入したものとして成り立つ．

$\dim W_{\lambda_i} = m_i$ を示すことが残っている．

$W_{\lambda_i}, i = 1, \cdots, r$ は A 不変，すなわち

$$\mathbf{v} \in W_{\lambda_i} \text{ に対して } \quad A\mathbf{v} \in W_{\lambda_i},$$

である．なぜなら，$(A - \lambda_i E)A = A^2 - \lambda_i A = A(A - \lambda_i E)$ だから，$(A - \lambda_i E)^k A\mathbf{v} = A(A - \lambda_i E)^k \mathbf{v} = 0$.

1.10.2 節で述べたように，不変部分空間への分解 (4.15) に即した V の基底を取れば，その基底で A は分解される：

$$A \sim \begin{pmatrix} A^{(1)} & & & 0 \\ 0 & A^{(2)} & & \\ & & \cdots & \\ 0 & & & A^{(r)} \end{pmatrix}. \tag{4.17}$$

ベクトル空間 $W_{\lambda_i} = \{\mathbf{x} \in V;\ \exists k,\ (A - \lambda_i)^k \mathbf{x} = 0\}$ に行列 A を制限したものが $A^{(i)}$ であるが，$\dim W_{\lambda_i} = n_i$ として $n_i \times n_i$ 単位行列を E_{n_i} とすると，W_{λ_i} の定義より ある k に対して

$$(A^{(i)} - \lambda_i E_{n_i})^k = 0,$$

すなわち $N_i = A^{(i)} - \lambda_i E_{n_i}$ は $n_i \times n_i$ 冪ゼロ行列になる．ゆえに N_i の固有多項式は

$$P_{N_i}(t) = t^{n_i}.$$

一方，固有多項式の定義式より

$$P_{N_i}(t) = |tE_{n_i} - N_i| = |tE_{n_i} - A^{(i)} + \lambda_i E_{n_i}| = P_{A^{(i)}}(t + \lambda_i)$$

だから

$$P_{A^{(i)}}(x) = (x - \lambda_i)^{n_i}$$

がわかった．

(4.17) より

$$P_A(t) = |tE - A| = \Pi_{i=1}^r |tE_{n_i} - A^{(i)}| = \Pi_{i=1}^r P_{A^{(i)}}(t)$$

だから

$$P_A(t) = \Pi_{i=1}^{r}(x - \lambda_i)^{n_i}\ .$$

さて $P_A(t) = \Pi_{i=1}^{r}(x - \lambda_i)^{m_i}$ だったから $n_i = m_i$ でなくてはならない．

$$\dim W_{\lambda_i} = m_i$$

が示された．

上の証明の最後の部分より，次のことがわかる．

系 73.

行列 A の固有値 λ_i に属する広い意味の固有空間を $W_{\lambda_i} = \{\mathbf{x} \in V;\ \exists k, (A-\lambda_i)^k\mathbf{x} = 0\}$ とするとき，行列 A を W_{λ_i} に制限した $m_i \times m_i$ 行列 $A^{(i)}$ は

$$A^{(i)} \ = \ \lambda_i E_{n_i} \ + \ N_i$$

の形になる．ここに N_i は冪ゼロ行列で，$m_i = \dim W_{\lambda_i}$ ．

- **問題はどうなったか．**

定理 72 による V の W_{λ_i} による直和分解が得られ，その結果 A は (4.17) の形になることがわかった．したがって，次は**各々の $\boldsymbol{A^{(i)}}$ がどんな形にまで簡易化できるか**を調べればよい．ところが, $A^{(i)}$ は対角行列 $\lambda_i E_{n_i}$ と冪ゼロ行列 N_i とにより $A^{(i)} = \lambda_i E_{n_i} + N_i$ と表されているから，**冪ゼロ行列の標準形を求めれば**行列 A の標準形がわかったことになる．以下にそれを調べよう．

4.4 冪ゼロ行列の標準形

例． すでに見た冪ゼロ行列

$$N = \begin{pmatrix} 0 & 1 & \cdots & \cdots & 0 \\ 0 & 0 & 1 & \cdots & 0 \\ \cdots & \cdots & \cdots & \cdots & \cdots \\ 0 & \cdots & \cdots & \cdots & 1 \\ 0 & \cdots & \cdots & \cdots & 0 \end{pmatrix}$$

の標準形とはどんなものだろうか．N の固有値は 0 のみで，$N^n = 0$ だから N の広い意味の固有空間は全空間 V である．定理 72 での行列 N による V の

直和分解が V 自身だから，行列 N はこれ以上簡単な形にできないので，すでに**標準形**になっていると思っていいだろう．そこで，すべての冪ゼロ行列はこの形（のいくつかの直和）に標準化できることを示そう．

N を n 次元 (複素) ベクトル空間 V 上の 冪ゼロ行列として，

$$N^{p-1} \neq 0, \qquad N^p = 0$$

とする．

$$Z^{(j)} = \{\mathbf{v} \in V;\, N^j\mathbf{v} = 0\} \tag{4.18}$$

と置く．

$$V = Z^{(p)} \supset Z^{(p-1)} \supset \cdots \supset Z^{(1)} \supset Z^{(0)} = \{0\}$$

である．

$$\dim Z^{(j)} = m_j, \quad r_j = m_j - m_{j-1}, \quad 1 \leq j \leq p,$$

としよう．

1. $Z^{(p-1)}$ の基底に，r_p 個のベクトル

$$\mathbf{a}_1, \cdots, \mathbf{a}_{r_p}$$

を付け加えて $Z^{(p)}$ の基底とすることができる．

$$(1) \qquad Z^{(p)} = Z^{(p-1)} \oplus \{\mathbf{a}_1, \cdots, \mathbf{a}_{r_p}\},$$

である．ここに $\{\mathbf{a}_1, \cdots, \mathbf{a}_{r_p}\}$ はこれらのベクトルの 1 次結合全体からなる部分空間で $\oplus$ は直和を表す．またこのとき

$$N\mathbf{a}_j \in Z^{(p-1)}, \quad j = 1, \cdots, r_p$$

となる．なぜなら $N^p\mathbf{a}_j = 0$ より $N^{p-1}(N\mathbf{a}_j) = 0$, すなわち $N\mathbf{a}_j \in Z^{(p-1)}$.

$$N\mathbf{a}_1, \cdots, N\mathbf{a}_{r_p}$$

のどのような 1 次結合も $Z^{(p-2)}$ に属さないことを示そう．もし

$$c_1N\mathbf{a}_1 + c_2N\mathbf{a}_2 + \cdots + c_{r_p}N\mathbf{a}_{r_p} \in Z^{(p-2)}$$

なるすべてが 0 とはならない数 c_i, $i = 1, \cdots, r_p$ があれば

$$\begin{aligned} 0 &= N^{p-2}(c_1N\mathbf{a}_1 + c_2N\mathbf{a}_2 + \cdots + c_{r_p}N\mathbf{a}_{r_p}) \\ &= N^{p-1}(c_1\mathbf{a}_1 + c_2\mathbf{a}_2 + \cdots + c_{r_p}\mathbf{a}_{r_p}) \end{aligned}$$

すなわち $c_1\mathbf{a}_1+c_2\mathbf{a}_2+\cdots+c_{r_p}\mathbf{a}_{r_p}\in Z^{(p-1)}$. (1) は直和だから $c_1\mathbf{a}_1+c_2\mathbf{a}_2+\cdots+c_{r_p}\mathbf{a}_{r_p}=0$. $\{\mathbf{a}_1,\cdots,\mathbf{a}_{r_p}\}$ は 1 次独立だから $c_1=c_2=\cdots=c_{r_p}=0$. ゆえに

$$\{N\mathbf{a}_1,\cdots,N\mathbf{a}_{r_p}\}\cap Z^{(p-2)}=0,$$

とくに, $N\mathbf{a}_1,\cdots,N\mathbf{a}_{r_p}$ は 1 次独立である. 一方, $\dim Z^{(p-1)}=\dim Z^{(p-2)}+r_{p-1}$ だから, $r_p\leq r_{p-1}$ がわかる. したがって, $Z^{(p-1)}$ の $r_{p-1}-r_p$ 個のベクトル

$$\mathbf{a}_{r_p+1},\cdots,\mathbf{a}_{r_{p-1}}$$

を選び, ベクトル

$$\{N\mathbf{a}_1,\cdots,N\mathbf{a}_{r_p},\mathbf{a}_{r_p+1},\cdots,\mathbf{a}_{r_{p-1}}\}$$

を $Z^{(p-2)}$ の基底に付け加えて $Z^{(p-1)}$ の基底にすることができる:

$$(2)\qquad Z^{(p-1)}=Z^{(p-2)}\oplus\{N\mathbf{a}_1,\cdots,N\mathbf{a}_{r_p},\mathbf{a}_{r_p+1},\cdots,\mathbf{a}_{r_{p-1}}\}.$$

2. このとき

$$N^2\mathbf{a}_j\in Z^{(p-2)},\quad j=1,\cdots,r_p,$$
$$N\mathbf{a}_{r_p+i}\in Z^{(p-2)},\quad i=r_p+1,\cdots,r_{p-1},$$

となるが, r_{p-1} 個のベクトル

$$N^2\mathbf{a}_j\in Z^{(p-2)},\quad j=1,\cdots,r_p,$$
$$N\mathbf{a}_{r_p+i}\in Z^{(p-2)},\quad i=r_p+1,\cdots,r_{p-1}$$

のどんな 1 次結合も $Z^{(p-3)}$ に属さないことが示される. とくにこれらは 1 次独立だから $\dim Z^{(p-2)}=\dim Z^{(p-3)}+r_{p-2}$ より $r_{p-1}\leq r_{p-2}$.

したがって, $Z^{(p-2)}$ の $r_{p-2}-r_{p-1}$ 個のベクトル

$$\mathbf{a}_{r_{(p-1)}+1},\cdots,\mathbf{a}_{r_{(p-2)}}$$

を選び, ベクトル

$$\{N^2\mathbf{a}_1,\cdots,N^2\mathbf{a}_{r_p},N\mathbf{a}_{r_p+1},\cdots,N\mathbf{a}_{r_{p-1}},\mathbf{a}_{r_{p-1}+1},\cdots,\mathbf{a}_{r_{p-2}}\}$$

を $Z^{(p-3)}$ の基底に付け加えて $Z^{(p-2)}$ の基底にすることができる:

(3)

$$Z^{(p-2)}=Z^{(p-3)}\oplus\{N^2\mathbf{a}_1,\cdots,N^2\mathbf{a}_{r_p},N\mathbf{a}_{r_p+1},\cdots,N\mathbf{a}_{r_{p-1}},\mathbf{a}_{r_{p-1}+1},\cdots,\mathbf{a}_{r_{p-2}}\}.$$

問. 2. に述べたことは 1. と同様に証明される. それを実行せよ.

3.　このようにくりかえし

$$r_p \leq r_{p-1} \leq \cdots \leq r_1$$

となり，順に $Z^{(p-j)}$ のベクトル

$$\{\mathbf{a}_{r_{(p-j+1)}+1}, \mathbf{a}_{r_{(p-j+1)}+2}, \cdots, \mathbf{a}_{r_{(p-j)}}\}$$

を選び $Z^{(p-j-1)}$ の基底に付け加えて $Z^{(p-j)}$ の基底にすることができる:

$$Z^{(k)} = Z^{(k-1)} \oplus$$

$$\{N^{p-k}\mathbf{a}_1, \cdots, N^{p-k}\mathbf{a}_{r_p}, N^{p-k-1}\mathbf{a}_{r_p+1}, \cdots, N^{p-k-2}\mathbf{a}_{r_{p-1}+1}, \cdots,$$

$$\cdots, N\mathbf{a}_{r_{k+2}+1}, \cdots, N\mathbf{a}_{r_{k+1}}, \mathbf{a}_{r_{k+1}+1}, \cdots, \mathbf{a}_{r_k}\}.$$

こうして V の一つの基底

$$N^k\mathbf{a}_{r_{(i+1)}+1}, \cdots, N^k\mathbf{a}_{r_i};\quad 1 \leq i \leq p, 0 \leq k \leq i-1,$$

が得られた.

佐武：p.149 の下の図を見よ．わかりやすくなる.

4.　$r_{i+1}+1$ から r_i の間の番号 $j = r_{i+1}+l$, $1 \leq l \leq r_i - r_{i+1}$, を取り，また，番号 k を 0 から $i-1$ まで動かして，基底の一部分

$$\{\mathbf{a}_j, N\mathbf{a}_j, \cdots, N^k\mathbf{a}_j, \cdots, N^{i-1}\mathbf{a}_j\}$$

が張る部分空間 $Y^{i,j}$ を考える．$Y^{i,j}$ は N 不変：

$$NY^{i,j} \subset Y^{i,j}$$

で，V は $Y^{i,j}$ の直和になっている．$Y^{i,j}$ の基底を，順序を逆に

$$\{N^{i-1}\mathbf{a}_j, \cdots, N\mathbf{a}_j, \mathbf{a}_j\}$$

と並べ替え N を部分空間 $Y^{i,j}$ に制限した $i \times i$ 行列 $N|_{Y^{i,j}}$ を考えよう．$N|_{Y^{i,j}}$ の行列表示をすると，N は $N^c\mathbf{a}_j$ を $N^{c+1}\mathbf{a}_j$ に移すから，

$$N|_{Y^{i,j}} = \begin{pmatrix} 0 & 1 & \cdots & \cdots & 0 \\ 0 & 0 & 1 & \cdots & 0 \\ \cdots & \cdots & \cdots & \cdots & \cdots \\ 0 & \cdots & \cdots & \cdots & 1 \\ 0 & \cdots & \cdots & \cdots & 0 \end{pmatrix}$$

となる.

これを左上から右下へ,

$$N|_{Y^{1,r_1}} = (0), \cdots, N|_{Y^{1,r_2+1}} = (0), \quad r_1 - r_2 \text{ 個}$$

$$N|_{Y^{2,r_2}} = \begin{pmatrix} 0 & 1 \\ 0 & 0 \end{pmatrix}, \cdots, N|_{Y^{2,r_3+1}} = \begin{pmatrix} 0 & 1 \\ 0 & 0 \end{pmatrix}, \quad r_2 - r_3 \text{ 個}$$

$$N|_{Y^{3,r_3}} = \begin{pmatrix} 0 & 1 & 0 \\ 0 & 0 & 1 \\ 0 & 0 & 0 \end{pmatrix}, \cdots, N|_{Y^{3,r_4+1}} = \begin{pmatrix} 0 & 1 & 0 \\ 0 & 0 & 1 \\ 0 & 0 & 0 \end{pmatrix}, \quad r_3 - r_4 \text{個}$$

と直和分解 $V = \oplus Y^{i,j}$ に従って並べていく. こうして冪ゼロ行列 N は基底変換により次の形の**冪ゼロ行列の標準形**に変換できることがわかった.

$$N \sim \left(\begin{array}{cccccccccccccccccc}
0 &&&&&&&&&&&&&&&&& \\
& . & \cdots &&&&&&&&&&&&&&& \\
& 0 & \cdots &&&&&&&&&&&&&&& \\
&& 0 & 1 &&&&&&&&&&&&&& \\
&& 0 & 0 &&&&&&&&&&&&&& \\
&&&&& . &&&& \cdots &&&&&&&& \\
&&&&& . &&&& \cdots &&&&&&&& \\
&&&& 0 & 1 & 0 &&&&&&&&&&& \\
&&&& 0 & 0 & 1 &&&&&& \cdots &&&&& \\
&&&& 0 & 0 & 0 &&&&&&&&&&& \\
& \cdots & \cdots &&&&&&&&&&&&&&& \\
&&&&&&&&& \cdots &&&&&&&& \\
& \cdots & \cdots &&&&&&&&&&&&&&& \\
&&&&&&& 0 & 1 & \cdots & \cdots & 0 &&&&&& \\
&&&&&&& 0 & 0 & 1 & \cdots & 0 &&&&&& \\
&&&&&&&& \cdots & \cdots & \cdots &&&&&&& \\
&&&&&&& 0 & \cdots & \cdots & \cdots & 1 &&&&&& \\
&&&&&&& 0 & \cdots & \cdots & \cdots & 0 &&&&&& \\
&&&&&&&&&&&&& 0 & 1 & \cdots & \cdots & 0 \\
&&&&&&&&&&&&& 0 & 0 & 1 & \cdots & 0 \\
&&&&&&&&&&&&&& \cdots & \cdots & \cdots & \cdots \\
&&&&&&&&&&&&&& \cdots & \cdots & \cdots & \\
&&&&&&&&&&&&& 0 & \cdots & \cdots & \cdots & 1 \\
&&&&&&&&&&&&& 0 & \cdots & \cdots & \cdots & 0
\end{array}\right)$$

ここで 同じサイズ，$i \times i$ の行列が $r_i - r_{i+1}$ 個並んでいる． □

例．

$$N = \begin{pmatrix} 0 & 0 & 1 & 0 & 0 \\ 0 & 0 & 0 & 1 & 0 \\ 0 & 0 & 0 & 0 & 1 \\ 0 & 0 & 0 & 0 & 0 \\ 0 & 0 & 0 & 0 & 0 \end{pmatrix}.$$

としよう．

$$N^2 = \begin{pmatrix} 0 & 0 & 0 & 0 & 1 \\ 0 & 0 & 0 & 0 & 0 \\ 0 & 0 & 0 & 0 & 0 \\ 0 & 0 & 0 & 0 & 0 \\ 0 & 0 & 0 & 0 & 0 \end{pmatrix}.$$

$N^3 = 0$ より $p = 3$.

$$\mathbf{e}_i = (i) \begin{pmatrix} 0 \\ \vdots \\ 1 \\ \vdots \\ 0 \end{pmatrix}$$

として

$$N\mathbf{e}_5 = \mathbf{e}_3, \quad N\mathbf{e}_3 = \mathbf{e}_1, \quad N\mathbf{e}_4 = \mathbf{e}_2,$$

だから

$$Z^{(3)} = \{\mathbf{e}_5\} + Z^{(2)}, \quad Z^{(2)} = \{N\mathbf{e}_5 = \mathbf{e}_3, \mathbf{e}_4\} + Z^{(1)},$$
$$Z^{(1)} = \{N^2\mathbf{e}_5 = N\mathbf{e}_3 = \mathbf{e}_1, N\mathbf{e}_4 = \mathbf{e}_2\}.$$

$Y = \left\{N^2\mathbf{e}_5 = \mathbf{e}_1, N\mathbf{e}_5 = \mathbf{e}_3, \mathbf{e}_5\right\}$ は N 不変で，$N(\mathbf{e}_1, \mathbf{e}_3, \mathbf{e}_5) = (0, \mathbf{e}_1, \mathbf{e}_3)$ だから

$$N|_Y = \begin{pmatrix} 0 & 1 & 0 \\ 0 & 0 & 1 \\ 0 & 0 & 0 \end{pmatrix}.$$

また $Y' = \{N\mathbf{e}_4 = \mathbf{e}_2, \mathbf{e}_4\}$ は N 不変で，$N(\mathbf{e}_2, \mathbf{e}_4) = (0, \mathbf{e}_2)$ だから

$$N|_{Y'} = \begin{pmatrix} 0 & 1 \\ 0 & 0 \end{pmatrix}.$$

ゆえに基底変換 $\{\mathbf{e}_1, \mathbf{e}_2, \mathbf{e}_3, \mathbf{e}_4, \mathbf{e}_5\} \longmapsto \{\mathbf{e}_2, \mathbf{e}_4, \mathbf{e}_1, \mathbf{e}_3, \mathbf{e}_5\}$ の行列を

$$P = \begin{pmatrix} 0 & 0 & 1 & 0 & 0 \\ 1 & 0 & 0 & 0 & 0 \\ 0 & 0 & 0 & 1 & 0 \\ 0 & 1 & 0 & 0 & 0 \\ 0 & 0 & 0 & 0 & 1 \end{pmatrix}.$$

として，冪ゼロ行列 N の標準形は

$$N \sim P^{-1}NP = \begin{pmatrix} 0 & 1 & 0 & 0 & 0 \\ 0 & 0 & 0 & 0 & 0 \\ 0 & 0 & 0 & 1 & 0 \\ 0 & 0 & 0 & 0 & 1 \\ 0 & 0 & 0 & 0 & 0 \end{pmatrix} \tag{4.19}$$

となった．

4.5 Jordan 標準形

4.3 と 4.4 の結果より，任意の行列 A は基底変換で

$$
A \sim \begin{pmatrix}
0 & & & & & & & & \\
 & \ddots & & & & & & & \\
 & & \lambda_1 & & & & & & \\
 & & & \ddots & & & & & \\
 & & & & \begin{matrix} \lambda_2 & 1 \\ 0 & \lambda_2 \end{matrix} & & & & \\
 & & & & & \ddots & & & \\
 & & & & & & \begin{matrix} \lambda_3 & 1 & 0 \\ 0 & \lambda_3 & 1 \\ 0 & 0 & \lambda_3 \end{matrix} & & \\
 & & & & & & & \ddots & \\
 & & & & & & & & \begin{matrix} \lambda_i & 1 & \cdots & \cdots & 0 \\ 0 & \lambda_i & 1 & \cdots & 0 \\ & \cdots & \cdots & \cdots & \\ 0 & \cdots & \cdots & \lambda_i & 1 \\ 0 & \cdots & \cdots & \cdots & \lambda_i \end{matrix} \\
 & & & & & & & & & \ddots \\
 & & & & & & & & & & \begin{matrix} \lambda_r & 1 & \cdots & \cdots & 0 \\ 0 & \lambda_r & 1 & \cdots & 0 \\ & \cdots & \cdots & \cdots & \cdots \\ & \cdots & \cdots & \cdots & \\ 0 & \cdots & \cdots & \lambda_r & 1 \\ 0 & \cdots & \cdots & \cdots & \lambda_r \end{matrix}
\end{pmatrix}
$$

の形の標準形に変換できる．

二つの行列が基底変換で移りあうためには，その Jordan 標準形が一致することが必要十分条件である．

例． 3.2 節で交代行列の標準形を求めた．それは（左先頭に続く固有値 0 に対応する部分空間を略して）$2p \times 2p$ 標準形交代行列：

$$A = \begin{pmatrix} 0 & 1 & \cdots & \cdots & 0 \\ -1 & 0 & 0 & \cdots & 0 \\ \cdots & \cdots & \cdots & \cdots & \cdots \\ 0 & \cdots & \cdots & 0 & 1 \\ 0 & \cdots & \cdots & -1 & 0 \end{pmatrix}$$

の形になった.

$$P_A(t) = (t^2+1)^p.$$

ゆえ固有値は $\pm\sqrt{-1}$ で, 各々の重複度は p である (4.1 節, 例 2 を見よ).

したがって A の Jordann 標準形は

$$A \sim \begin{pmatrix} \sqrt{-1} & 1 & & \cdots & 0 & & & & & \\ 0 & \sqrt{-1} & 1 & & 0 & & & & & \\ & \cdots & \cdots & \cdots & & & & & & \\ 0 & \cdots & & \sqrt{-1} & 1 & & & & & \\ 0 & \cdots & & 0 & \sqrt{-1} & & & & & \\ & & & & & -\sqrt{-1} & 1 & & \cdots & 0 \\ & & & & & 0 & -\sqrt{-1} & 1 & & 0 \\ & & & & & & \cdots & \cdots & \cdots & \\ & & & & & 0 & \cdots & & -\sqrt{-1} & 1 \\ & & & & & 0 & \cdots & & 0 & -\sqrt{-1} \end{pmatrix}$$

このどちらを “標準形” と見るかは, そのときの都合によるだろう.

Chapter 5

複素ベクトル空間の計量，エルミート行列，ユニタリ行列

5.1 エルミート計量

$V = (V, +, \cdot)$ を複素ベクトル空間とする．4.1 節の定義より，

[条件 1. 演算 $+$] は V のベクトルの加法が満たす性質を，

[条件 2. 演算 $\cdot$] はベクトルへの複素数の作用，すなわちベクトルの複素数倍が満たす性質を，

表している．

定義 74.

複素ベクトル空間 V が，4.1 節の定義の条件 1, 2 に加えてさらに，次の条件 3 を満たすとき，V を**エルミート計量を与えられた複素ベクトル空間**という：

3. V の任意の二つのベクトル $\mathbf{u}, \mathbf{v}$ に対して複素数 $(\mathbf{u}, \mathbf{v})$ が定義され次の法則が成り立つ：

1.

$$(\mathbf{u}_1 + \mathbf{u}_2, \mathbf{v}) = (\mathbf{u}_1, \mathbf{v}) + (\mathbf{u}_2, \mathbf{v}),$$

2.

$$(c\mathbf{u}, \mathbf{v}) = c(\mathbf{u}, \mathbf{v}), \quad \forall c \in \mathrm{C},$$

3.

$$(\mathbf{u}, \mathbf{v}) = \overline{(\mathbf{v}, \mathbf{u})},$$

4. (条件 3 より $(\mathbf{v}, \mathbf{v})$ は実数だが，さらに)

$$(\mathbf{v}, \mathbf{v}) \geq 0,\ \text{等号が成立するのは}\ \mathbf{v} = 0\ \text{のときのみ}.$$

複素数 $(\mathbf{u}, \mathbf{v})$ をベクトル $\mathbf{u}$ と $\mathbf{v}$ の**エルミート内積**という．

条件 3, 4 より

$$(\mathbf{u}, c\mathbf{v}) = \overline{c}(\mathbf{u}, \mathbf{v}) \tag{5.1}$$

となることに注意しよう．エルミート内積は後ろの成分に関しては複素線形でなく複素共役線形となる:

$$(\mathbf{u},\, c_1\,\mathbf{v}_1 + c_2\,\mathbf{v}_2) = \bar{c}_1\,(\mathbf{u},\,\mathbf{v}_1) + \bar{c}_2\,(\mathbf{u},\,\mathbf{v}_2).$$

$\dim V = n$ として V の基底

$$\mathbf{e}_1, \mathbf{e}_2, \cdots, \mathbf{e}_n$$

を一つ定めるとき

$$g_{ij} = (\mathbf{e}_i,\,\mathbf{e}_j), \qquad i = 1, \cdots, n,\ j = 1, \cdots, n,$$

により n^2 個の複素数が定まる．これを並べた $n \times n$ 行列

$$G = \begin{pmatrix} g_{11} & g_{12} & \cdots & g_{1n} \\ g_{21} & g_{22} & \cdots & g_{2n} \\ \cdot & \cdot & \cdots & \cdot \\ g_{n1} & g_{n2} & \cdots & g_{nn} \end{pmatrix}$$

を（基底 $\mathbf{e}_1, \mathbf{e}_2, \cdots, \mathbf{e}_n$ に対する）エルミート内積行列という．$g_{ji} = \overline{g_{ij}}$ なので G の行列の転置行列は各成分の複素共役をとった行列（複素共役行列という）に等しい：

$$^tG = \overline{G}.$$

定義 75.

$$^tA = \overline{A}, \quad a_{ji} = \bar{a}_{ij}$$

を満たす行列 A をエルミート行列という．

エルミート内積を与える行列 $G = (g_{ij})$ はエルミート行列である．

エルミート内積 $(\mathbf{u},\,\mathbf{v})$ は（基底 $\mathbf{e}_1, \mathbf{e}_2, \cdots, \mathbf{e}_n$ で表すとき）

$$(\mathbf{u},\,\mathbf{v}) = \sum_{i,\,j} g_{ij}\, u_i\, \bar{v}_j \tag{5.2}$$

となる．ここに $\mathbf{u} = u_1\mathbf{e}_1 + \cdots + u_n\mathbf{e}_n$, $\mathbf{v} = v_1\mathbf{e}_1 + \cdots + v_n\mathbf{e}_n$.

問.　この式を証明せよ．

- 記号：

$$||\mathbf{v}|| = \big((\mathbf{v}, \mathbf{v})\big)^{1/2}.$$

$||\mathbf{v}||$ をベクトル $\mathbf{v}$ の長さという.

定義 76.

1. 二つのベクトル $\mathbf{u}, \mathbf{v}$ は $(\mathbf{u}, \mathbf{v}) = 0$ のとき直交するという.
2. 基底 $\mathbf{e}_1, \mathbf{e}_2, \cdots, \mathbf{e}_n$ が

$$g_{ij} = (\mathbf{e}_i, \mathbf{e}_j) = 0, \qquad i \neq j$$

を満たすとき直交基底といい，さらに

$$g_{ii} = (\mathbf{e}_i, \mathbf{e}_i) = 1, \quad 1 \leq i \leq n,$$

となるとき（複素）正規直交基底という.

正規直交基底で表すとき内積 $(\mathbf{u}, \mathbf{v})$ は

$$(\mathbf{u}, \mathbf{v}) = u_1 \overline{v}_1 + u_2 \overline{v}_2 + \cdots + u_n \overline{v}_n.$$

定理 77 (Gram–Schmidt の直交化法)**.**
複素 n 次元ベクトル空間には (複素) 正規直交基底が選べる.

証明は 2 章と同様.

注意. 複素ベクトル空間でも実内積と類似の

$$\{\mathbf{z}, \mathbf{w}\} = z_1 w_1 + \cdots + z_n w_n$$

を考えることができる．$z_j = x_j + iy_j,\ w_j = u_j + iv_j$ として

$$\begin{aligned}\{\mathbf{z}, \mathbf{w}\} &= (x_1 u_1 - y_1 v_1 + \cdots + x_n u_n - y_n v_n) \\ &\quad + i(x_1 v_1 + y_1 u_1 + \cdots + x_n v_n + y_n u_n)\end{aligned}$$

となる.

$\{\mathbf{z}, \mathbf{w}\}$ は $\mathbf{z}$ についても $\mathbf{w}$ についても複素線形：

$$\{a\mathbf{z} + b\mathbf{z}', \mathbf{w}\} = a\{\mathbf{z}, \mathbf{w}\} + b\{\mathbf{z}', \mathbf{w}\},$$

$$\{\mathbf{z}, a\mathbf{w} + b\mathbf{w}'\} = a\{\mathbf{z}, \mathbf{w}\} + b\{\mathbf{z}, \mathbf{w}'\},$$

で，対称性

$$\{\mathbf{z},\mathbf{w}\} = \{\mathbf{w},\mathbf{z}\},$$

も満たすので，後ろベクトルについて複素共役線形で対称ではなかったエルミート内積よりよさそうだが，$\{\mathbf{z},\mathbf{z}\}=0$ でも $\mathbf{z}=0$ とはかぎらないので内積としては使えない．

たとえば，$n=2$ で $\mathbf{z}=\begin{pmatrix} x+iy \\ -y+ix \end{pmatrix}$ とすると $\{\mathbf{z},\mathbf{z}\}=0$.

5.2　複素ベクトル空間の双対空間

V から $\mathbf{C}$ への線形写像

$$f: V \ni \mathbf{u} \longmapsto f(\mathbf{u}) \in \mathrm{C}$$

の全体を，複素ベクトル空間 V の双対 (the dual space) といい，V^* と書く．

定理 78.

エルミート内積の定義されたベクトル空間 $(V, (\ ,\ ))$ の双対空間を V^* とする．V から V^* への canonical な全単射がある．この対応は線形共役同型である．

注意.　定理 44 の前の注意および (2.1) を参照.

証明.　V のエルミート内積を $(\mathbf{u},\mathbf{v})$, $\mathbf{u},\mathbf{v}\in V$ とする．V の正規直交基底を一つ取り $\mathbf{e}_1,\mathbf{e}_2,\cdots,\mathbf{e}_n$ とする．任意のベクトル $\mathbf{v}\in V$ は $\mathbf{v}=\sum_i v_i\mathbf{e}_i$ と書けて $v_i=(\mathbf{v},\mathbf{e}_i)$ である．

V の任意のベクトル $\mathbf{u}$ が V^* の一つの元，すなわち V 上の一つの線形写像を定めることを見よう．

$\mathbf{u}\in V$ に対して 写像 $f_{\mathbf{u}}: V \longmapsto \mathrm{C}$ を

$$V \ni \mathbf{v} \longmapsto f_{\mathbf{u}}(\mathbf{v}) = (\mathbf{v},\mathbf{u})$$

で定義すると

$$f_{\mathbf{u}}(a\mathbf{v}_1+b\mathbf{v}_2) = af_{\mathbf{u}}(\mathbf{v}_1)+bf_{\mathbf{u}}(\mathbf{v}_2)$$

を満たすから $f_{\mathbf{u}}\in V^*$.

対応

$$V \ni \mathbf{u} \longmapsto f_{\mathbf{u}} \in V^*$$

は 1 対 1 である．実際 $f_{\mathbf{u}} = 0$, すなわち 任意の $\mathbf{v} \in V$ に対して $f_{\mathbf{u}}(\mathbf{v}) = 0$ なら，$f_{\mathbf{u}}$ の定義より 任意の $\mathbf{v} \in V$ に対して $(\mathbf{v}, \mathbf{u}) = 0$. とくに $(\mathbf{u}, \mathbf{u}) = 0$ だから内積の条件 (3) より $\mathbf{u} = 0$.

対応

$$V \ni \mathbf{u} \longmapsto f_{\mathbf{u}} \in V^*$$

が上への対応すなわち任意の $f \in V^*$ に対して ある $\mathbf{u} \in V$ が存在して

$$f = f_{\mathbf{u}} \in V^*$$

となることを見よう．$f \in V^*$ が与えられたとき $u_i = \overline{f(\mathbf{e}_i)}, i = 1, 2, \cdots, n$ により $u_i \in \mathrm{C}$ を定め

$$\mathbf{u} = \sum_i u_i \mathbf{e}_i \in V$$

とする．$f = f_{\mathbf{u}}$ を示そう．任意の $\mathbf{v} = \sum_i v_i \mathbf{e}_i \in V$, $v_i = (\mathbf{v}, \mathbf{e}_i)$, に対して

$$\begin{aligned} f_{\mathbf{u}}(\mathbf{v}) = (\mathbf{v}, \mathbf{u}) &= \sum_i \overline{u}_i (\mathbf{v}, \mathbf{e}_i) = \sum_i f(\mathbf{e}_i)(\mathbf{v}, \mathbf{e}_i) \\ &= \sum_i v_i f(\mathbf{e}_i) = f(\sum_i v_i \mathbf{e}_i) = f(\mathbf{v}). \end{aligned}$$

ゆえに $f = f_{\mathbf{u}}$.

以上で対応 $V \ni \mathbf{u} \longmapsto f_{\mathbf{u}} \in V^*$ が全単射であることがわかった．この対応が複素共役線形同型であること：

$$f_{a\mathbf{u}+b\mathbf{v}} = \overline{a} f_{\mathbf{u}} + \overline{b} f_{\mathbf{v}} \quad \forall a, b \in \mathrm{C}, \ \forall \mathbf{u}, \mathbf{v} \in V,$$

は内積の線形性からわかる:

$$f_{a\mathbf{u}+b\mathbf{v}}(\mathbf{w}) = (\mathbf{w}, a\mathbf{u} + b\mathbf{v}) = \overline{a}(\mathbf{w}, \mathbf{u}) + \overline{b}(\mathbf{w}, \mathbf{v}) = \overline{a} f_{\mathbf{u}}(\mathbf{w}) + \overline{b} f_{\mathbf{v}}(\mathbf{w}). \qquad \square$$

線形変換

$$f : V \longmapsto V$$

に対して，ベクトル $\mathbf{x} \in V$ を固定するとき，対応

$$\alpha : V \ni \mathbf{v} \longmapsto (f(\mathbf{v}), \mathbf{x}) \in \mathrm{C}$$

は複素線形写像になる：

$$(f(b\mathbf{u} + c\mathbf{v}), \mathbf{a}) = (bf(\mathbf{u}) + cf(\mathbf{v}), \mathbf{a}) = b(f(\mathbf{u}), \mathbf{a}) + c(f(\mathbf{v}), \mathbf{a}).$$

したがって上の定理より ある一意的に定まる $\mathbf{y} \in V$ により

$$(f(\mathbf{v}), \mathbf{x}) = (\mathbf{v}, \mathbf{y})$$

と書ける．

$\mathbf{x} \in V$ に $\mathbf{y} \in V$ を対応させる写像を f の (複素) 共役写像といい f^* と書く：

$$(f(\mathbf{v}), \mathbf{w}) = (\mathbf{v}, f^*(\mathbf{w})). \tag{5.3}$$

問．

1. 線形写像 $f \in V^*$ の共役写像 $f^* : V \longmapsto V$ は線形：

$$f^*(a\mathbf{x} + b\mathbf{y}) = af^*(\mathbf{x}) + bf^*(\mathbf{y}), \qquad \mathbf{x}, \mathbf{y} \in V,\ a, b \in \mathrm{C},$$

である，したがって $f^* \in V^*$ であることを証明せよ．

2. 対応 $V^* \ni f \longmapsto f^* \in V^*$ は共役線形写像：

$$\bar{a}f^* + \bar{b}g^* = (af + bg)^*, \qquad f, g \in V^*,\ a, b \in \mathrm{C},$$

となることを示せ．

• 複素共役行列

行列 B に対して，B の各成分の複素共役からなる行列を $\overline{B}$ と書く．$\overline{B}$ の行と列を入れ替えた転置行列を ${}^t\overline{B}$ と書き**随伴行列**または**転置複素共役行列**という：

$${}^t\overline{B} = \begin{pmatrix} \bar{b}_{11} & \cdots & \bar{b}_{n1} \\ \bar{b}_{12} & \cdots & . \\ . & \cdots & . \\ \bar{b}_{1n} & \cdots & \bar{b}_{nn} \end{pmatrix}$$

を表す．

$$(B\mathbf{u},\ \mathbf{v}) = (\mathbf{u},\ {}^t\overline{B}\mathbf{v}) \tag{5.4}$$

が成り立っている．したがって線形変換 $B : \mathbf{C}^n \longmapsto \mathbf{C}^n$ に対して共役写像 B^* は複素共役の転置と等しい：

$$B^* = {}^t\overline{B}. \tag{5.5}$$

エルミート行列は $A = A^*$ を満たす行列である．

問． 式 (5.4) を証明せよ．

1. 対応 $B \longmapsto {}^t\overline{B}$ が反線形なことを確かめよ.
2. $(\mathbf{u}, B\mathbf{v}) = (B^*\mathbf{u},\ \mathbf{v})$ を確かめよ.
3. $(AB)^* = B^*A^*$. $(A^*)^* = A$.

5.3 エルミート内積を変えない線形変換＝ユニタリ行列

$(V, (\ ,\ ))$ をエルミート計量の与えられたベクトル空間としよう.
線形変換

$$f : V \longmapsto V$$

が**エルミート内積を変えない線形変換**であるとは, 任意のベクトル $\mathbf{u}, \mathbf{v} \in V$ に対して

$$(f(\mathbf{u}), f(\mathbf{v})) = (\mathbf{u}, \mathbf{v}) \tag{5.6}$$

を満たすことである.

V の正規直交基底を一つ取り $\mathbf{e}_1, \mathbf{e}_2, \cdots, \mathbf{e}_n$ とする. 基底 $\{\mathbf{e}_1, \mathbf{e}_2, \cdots, \mathbf{e}_n\}$ により線形変換 f を表す行列を

$$A = \begin{pmatrix} a_{11} & \cdots & a_{1n} \\ a_{21} & \cdots & a_{2n} \\ \cdot & \cdots & \cdot \\ a_{n1} & \cdots & a_{nn} \end{pmatrix}$$

としよう:

$$f(\mathbf{e}_1, \mathbf{e}_2, \cdots, \mathbf{e}_n) = (\mathbf{e}_1, \mathbf{e}_2, \cdots, \mathbf{e}_n) \begin{pmatrix} a_{11} & \cdots & a_{1n} \\ a_{21} & \cdots & a_{2n} \\ \cdot & \cdots & \cdot \\ a_{n1} & \cdots & a_{nn} \end{pmatrix}.$$

前にも注意したように左辺は単に記号としているので, n 個のベクトルに f が作用するという意味ではない.

f がエルミート内積を変えないという条件から

$$(f(\mathbf{e}_i), f(\mathbf{e}_j)) = (\mathbf{e}_i, \mathbf{e}_j) = \delta_{ij}.$$

したがって $\{f(\mathbf{e}_1), f(\mathbf{e}_2), \cdots, f(\mathbf{e}_n)\}$ も V の正規直交基底になる．

$$f(\mathbf{e}_j) = \sum_i a_{ij}\mathbf{e}_i$$

だから

$$\delta_{jk} = (f(\mathbf{e}_j), f(\mathbf{e}_k)) = (\sum_i a_{ij}\mathbf{e}_i, \sum_l a_{lk}\mathbf{e}_l) = \sum a_{ij}\overline{a}_{lk}(\mathbf{e}_i, \mathbf{e}_l) = \sum_i a_{ij}\overline{a}_{ik}.$$

この右辺は行列 ${}^t\overline{A}\,A$ の (k, j) 成分である．${}^t\overline{A}\,A$ の (k, j) 成分が $j = k$ のとき 1，$j \neq k$ のとき 0 というのだから

$$ {}^t\overline{A}\,A = E \tag{5.7}$$

である．ここに E は単位行列.

条件 (5.7) を満たす複素正方行列を**ユニタリ行列**という.

逆に，ユニタリ行列に対応する 1 次変換

$$f : V \ni \mathbf{v} \longmapsto A\mathbf{v}$$

は内積を変えない：

$$(f(\mathbf{u}), f(\mathbf{v})) = (A\mathbf{u}, A\mathbf{v}) \overset{(5.4)}{=} (\mathbf{u}, {}^t\overline{A}\,A\mathbf{v}) = (\mathbf{u}, \mathbf{v}),$$

(5.7) よりユニタリ行列の行列式 $|A|$ は絶対値が 1 の複素数である.

問. ユニタリ行列の固有値は絶対値が 1 の複素数 である．すなわち複素平面内の半径 1 の円周の上にある.

ユニタリ行列は $A^* = A^{-1}$ を満たす行列である.

エルミート内積についての直交基底 $\mathbf{e}_1, \cdots, \mathbf{e}_n$ を直交基底 $\mathbf{e}'_1, \cdots, \mathbf{e}'_n$ に変換する基底の変換は 明らかにエルミート内積を変えない線形変換だから，直交基底の変換行列はユニタリ行列であることがわかる.

5.4　直交補空間，射影

エルミート内積を持つ複素ベクトル空間 $(V, (\ ,\ ))$ の部分ベクトル空間 W に対して

$$W^{\perp} = \{\mathbf{x} \in V;\ (\mathbf{x}, \mathbf{w}) = 0, \quad \forall \mathbf{w} \in W\} \tag{5.8}$$

は V の部分ベクトル空間になる.

$W^\perp$ を W の**直交補空間** という．

命題 79.

エルミート内積を持つ複素ベクトル空間 V の部分空間 W に対しその直交補空間を $W^\perp$ とするとき，V は W と $W^\perp$ の直和になる：

$$V = W + W^\perp, \qquad W \cap W^\perp = 0.$$

したがって

$$\dim W^\perp = \dim V - \dim W.$$

証明. $\mathbf{v} \in W \cap W^\perp$ とすると $W^\perp$ の定義と $\mathbf{v} \in W$ より $(\mathbf{v}, \mathbf{v}) = 0$. エルミート内積の条件 4 より $\mathbf{v} = 0$. ゆえに $W \cap W^\perp = 0$. 次に $\forall \mathbf{v} \in V$ がある $\mathbf{w} \in W$ と $\mathbf{x} \in W^\perp$ により $\mathbf{v} = \mathbf{w} + \mathbf{x}$ と書けることを見よう．$\dim W = r$ として W の正規直交基底 $\{\mathbf{e}_1, \cdots, \mathbf{e}_r\}$ を取る．

$$c_i = (\mathbf{v}, \mathbf{e}_i), \qquad i = 1, 2, \cdots, r$$

$$\mathbf{w} = c_1\mathbf{e}_1 + \cdots + c_r\mathbf{e}_r, \qquad \mathbf{x} = \mathbf{v} - \mathbf{w},$$

と置く．$\mathbf{w} \in W$ である．また

$$(\mathbf{x}, \mathbf{e}_i) = (\mathbf{v}, \mathbf{e}_i) - (\mathbf{w}, \mathbf{e}_i) = c_i - c_i = 0$$

だから，任意の $\mathbf{u} = a_1\mathbf{e}_1 + \cdots + a_r\mathbf{e}_r \in W$ に対して $(\mathbf{x}, \mathbf{u}) = \sum \overline{a}_i(\mathbf{x}, \mathbf{e}_i) = 0$ となり $\mathbf{x} \in W^\perp$. $\forall \mathbf{v} \in V$ は $\mathbf{w} \in W$ と $\mathbf{x} \in W^\perp$ により $\mathbf{v} = \mathbf{w} + \mathbf{x}$ と書けることがわかった．

問. W を内積空間 $(V, (\ ,\ ))$ の部分空間とするとき

$$(W^\perp)^\perp = W$$

を示せ．

$\mathbf{v} \in V$ は

$$\mathbf{v} = \mathbf{w} + \mathbf{x}, \quad \mathbf{w} \in W,\ \mathbf{x} \in W^\perp$$

と書け，$\mathbf{w} \in W, \mathbf{x} \in W^\perp$ は一意的に定まることを見た．$\mathbf{v}$ にその W 空間の成分 $\mathbf{w} \in W$ を対応させる写像 を，部分空間 W への**射影**（あるいは**エルミート内積に関する直交射影**）という．

部分空間 W への**射影**を

$$P : V \longmapsto W$$

と書くとき

$$P^2 = P, \quad P^* = P \tag{5.9}$$

が成り立つ（ここで線形写像 P は V のある基底に関する行列として書いている）．

実際，まず $\mathbf{w} \in W$ に対して $P\mathbf{w} = \mathbf{w}$ であることに注意しよう．これより $P^2 = P$ がわかる．$\mathbf{u}, \mathbf{v} \in V$ を

$$\mathbf{u} = \mathbf{w} + \mathbf{x}, \quad \mathbf{v} = \mathbf{z} + \mathbf{y}, \qquad \mathbf{w}, \mathbf{z} \in W, \quad \mathbf{x}, \mathbf{y} \in W^{\perp}$$

と分解する．$P\mathbf{u} = \mathbf{w}$, $P\mathbf{v} = \mathbf{z}$ である．$(\mathbf{w}, \mathbf{y}) = 0$, $(\mathbf{x}, \mathbf{z}) = 0$ だから

$$(P\mathbf{u}, \mathbf{v}) = (\mathbf{w}, \mathbf{v}) = (\mathbf{w}, \mathbf{z}) = (\mathbf{u}, \mathbf{z}) = (\mathbf{u}, P\mathbf{v}).$$

転置行列の定義より $(P\mathbf{u}, \mathbf{v}) = (\mathbf{u}, P^*\mathbf{v})$ だから $\forall \mathbf{u}, \mathbf{v} \in V$ に対して $(\mathbf{u}, P\mathbf{v}) = (\mathbf{u}, P^*\mathbf{v})$ がわかった．ゆえに $P = P^*$.

逆に (5.9) を満たす行列 A :

$$A^2 = A, \quad A^* = A, \tag{5.10}$$

があれば A はある部分空間への射影になる．実際

$$W = \{\mathbf{w} \in V; \quad A\mathbf{w} = \mathbf{w}\}$$

と置くと

$$W^{\perp} = \{\mathbf{x} \in V; \quad A\mathbf{x} = \mathbf{0}\}$$

となることに注意しよう．なぜなら $\forall \mathbf{w} \in W$ に対して

$$(\mathbf{w}, \mathbf{x}) = (A\mathbf{w}, \mathbf{x}) = (\mathbf{w}, A^*\mathbf{x}) = (\mathbf{w}, A\mathbf{x})$$

だから $A\mathbf{x} = 0 \Longleftrightarrow \mathbf{x} \in W^{\perp}$．さて，任意の $\mathbf{v} \in V$ を $\mathbf{v} = \mathbf{w} + \mathbf{x}$, $\mathbf{w} \in W$, $\mathbf{x} \in W^{\perp}$ と分解すると

$$A\mathbf{v} = A\mathbf{w} + A\mathbf{x} = \mathbf{w} + \mathbf{0} = \mathbf{w}.$$

ゆえに A は W への射影になる．

注意. 射影は冪等なエルミート変換である．

5.4.1 直交行列とユニタリ行列

n 次元複素ベクトル

$$\mathbf{C}^n \ni \mathbf{c} = \begin{pmatrix} c_1 \\ c_2 \\ \vdots \\ c_n \end{pmatrix}, \quad c_i = a_i + \sqrt{-1} b_i \in \mathbf{C}$$

に $2n$ 次元実ベクトル

$$\mathbf{R}^{2n} \ni \begin{pmatrix} \mathbf{a} \\ \mathbf{b} \end{pmatrix} = \begin{pmatrix} a_1 \\ a_2 \\ \vdots \\ a_n \\ b_1 \\ b_2 \\ \vdots \\ b_n \end{pmatrix}, \quad a_i\,,\, b_i \in \mathbf{R}$$

を対応させることにより，n 次元複素ベクトル空間 $\mathbf{C}^n$ から $2n$ 次元実ベクトル空間 $\mathbf{R}^{2n}$ への対応

$$r : \mathbf{C}^n \longmapsto \mathbf{R}^{2n}$$

が得られる．

$n \times n$ ユニタリ行列 U は，複素ベクトル空間 $\mathbf{C}^n$ のエルミート内積を変えない，言い換えればエルミート内積で直交する，(複素) 線形変換である．上に見た $\mathbf{C}^n$ から $\mathbf{R}^{2n}$ への対応で 行列 U に対応する $2n \times 2n$ 実行列 T が得られる．

$$\begin{array}{ccc} \mathbf{C}^n & \overset{r}{\longmapsto} & \mathbf{R}^{2n} \\ U \downarrow & & \downarrow T \\ \mathbf{C}^n & \overset{r}{\longmapsto} & \mathbf{R}^{2n} \end{array}$$

T は実ベクトル空間 $\mathbf{R}^{2n}$ の内積を変えない，すなわち直交行列になる．

$$U = \begin{pmatrix} \cdot & \cdot & \cdot \\ \cdot & u_{ij} & \cdot \\ \cdot & \cdot & \cdot \end{pmatrix}, \qquad u_{ij} = s_{ij} + \sqrt{-1} t_{ij}\,.$$

とすると

$$T = \begin{pmatrix} \cdot & \cdot & \cdot & \cdot & \cdot & \cdot \\ \cdot & s_{ij} & \cdot & \cdot & -t_{ij} & \cdot \\ \cdot & \cdot & \cdot & \cdot & \cdot & \cdot \\ \cdot & t_{ij} & \cdot & \cdot & s_{ij} & \cdot \\ \cdot & \cdot & \cdot & \cdot & \cdot & \cdot \end{pmatrix}$$

となる．U がユニタリ行列だから，$U^t\overline{U} = E$, すなわち $\sum_i u_{ip}\overline{u}_{iq} = \delta_{pq}$, したがって

$$\sum_i s_{ip}s_{iq} + t_{ip}t_{iq} = \delta_{pq}\,, \quad \sum_i -s_{ip}t_{iq} + t_{ip}s_{iq} = 0\,.$$

これより T が直交行列, $T^tT = E$ となることがわかる.

5.5　エルミート行列の対角化

V を n 次元複素ベクトル空間，また，$\mathbf{u}, \mathbf{v} \in V$ に対して $(\mathbf{u}, \mathbf{v})$ をベクトル $\mathbf{u}$ と $\mathbf{v} \in V$ のエルミート内積とする.

エルミート行列は

$$(A\mathbf{v}, \mathbf{u}) = (\mathbf{u}, A\mathbf{v}), \quad \mathbf{u}, \mathbf{v} \in V$$

を満たす行列，あるいは

$$A = A^* = {}^t\overline{A}$$

を満たす $n \times n$ 行列であった.

命題 80.

エルミート行列の固有値は実数で，相異なる固有値の固有ベクトルはエルミート内積で直交する.

なぜなら $\mathbf{u} \neq 0$ を固有値 λ の固有ベクトル: $A\mathbf{u} = \lambda\mathbf{u}$ とする.

$$\lambda(\mathbf{u}, \mathbf{u}) = (A\mathbf{u}, \mathbf{u}) = (\mathbf{u}, A\mathbf{u}) = \overline{\lambda}(\mathbf{u}, \mathbf{u})$$

より $\lambda = \overline{\lambda}$ だから λ は実数. 次に $\mathbf{u}_k \neq 0$, $k = 1, 2$ を固有値 λ_k の固有ベクトル: $A\mathbf{u}_k = \lambda_k\mathbf{u}_k$ とすると，λ_2 は実数だから

$$\lambda_1(\mathbf{u}_1, \mathbf{u}_2) = (A\mathbf{u}_1, \mathbf{u}_2) = (\mathbf{u}_1, A\mathbf{u}_2) = \lambda_2(\mathbf{u}_1, \mathbf{u}_2).$$

ゆえに $(\mathbf{u}_1, \mathbf{u}_2) = 0$.

エルミート内積を変えない変換がユニタリ変換で，ユニタリ変換を表す行列 U は

$$U^t\overline{U} = UU^* = E$$

を満たす行列であった．したがって A がエルミート行列で U がユニタリ行列なら U^*AU もエルミート行列になる：

$$(U^*AU\mathbf{v},\, \mathbf{w}) = (AU\mathbf{v}, U\mathbf{w}) = (U\mathbf{v}, AU\mathbf{w}) = (\mathbf{v}, U^*AU\mathbf{w}).$$

定理 81.

$n \times n$ エルミート行列 A は 適当なユニタリ行列 U により対角化される．

$$U^*AU = \begin{pmatrix} \lambda_1 & 0 & 0 & \cdots & 0 \\ 0 & \lambda_2 & 0 & \cdot & 0 \\ 0 & 0 & \lambda_3 & \cdot & 0 \\ \cdot & \cdot & \cdot & \cdot & \cdot \\ 0 & \cdot & \cdot & 0 & \lambda_n \end{pmatrix}. \tag{5.11}$$

ここに $\lambda_1, \lambda_2, \cdots, \lambda_n$ は A の固有値である．

2.4.2 節の “直交行列による対称行列の対角化” の定理 49 とまったく同様に証明される．大切な点は，

1. エルミート行列の固有値は実数で，相異なる固有値の固有ベクトルはエルミート内積で直交することと，
2. 固有値 λ の固有空間 W_λ の直交補空間 が A 不変となる，

   ことである．

実際，

$$W_\lambda = \{\mathbf{v} \in V;\, A\mathbf{v} = \lambda\mathbf{v}\}$$

の直交補空間を $(W_\lambda)^\perp$ とする．任意の $\mathbf{w} \in (W_\lambda)^\perp$ と任意の $\mathbf{v} \in W_\lambda$ に対して，

$$(A\mathbf{w}, \mathbf{v}) = (\mathbf{w}, A\mathbf{v}) = \overline{\lambda}(\mathbf{w}, \mathbf{v}) = 0$$

より $A\mathbf{w} \in (W_\lambda)^\perp$．ゆえに

$$A(W_\lambda)^\perp \subset (W_\lambda)^\perp\,.$$

問. 定理 49 の証明をたどることにより定理 81 を証明せよ．この過程で，始めに（エルミート）正規直交基底を取っておき，その基底から A を対角化する

ように（エルミート）正規直交基底を作ってゆくので，その基底変換はユニタリ変換になることに注意せよ．

この定理と定理 70 の条件 1 $\Longleftrightarrow$ 3 より

命題 82.

エルミート行列 A の相異なる固有値の全体を $\lambda_1, \lambda_2, \cdots, \lambda_r$ とするとき，V は固有空間の直和

$$V = V(\lambda_1) \oplus V(\lambda_2) \oplus \cdots \oplus V(\lambda_r)$$

と分解する．ここに $V(\lambda_k) = \{\mathbf{v} \in V;\ A\mathbf{v} = \lambda_k \mathbf{v}\}$ である．

5.6 エルミート形式

5.6.1 2次形式

エルミート行列 $A = A^*$, $a_{ji} = \overline{a}_{ij}$ に対して

$$Q(x) = {}^t\overline{\mathbf{x}}A\mathbf{x} = (A\mathbf{x}, \mathbf{x}) = (\mathbf{x}, A\mathbf{x}) \tag{5.12}$$

$$= \sum_{i,j}^{n} a_{ij}\overline{x}_i\, x_j. \tag{5.13}$$

をエルミート形式という．対応するエルミート行列を明示して

$$Q(x) = Q_A(x)$$

と書こう．

さてユニタリ変換 U により座標を $\mathbf{x} = U\mathbf{x}'$ と変換すると

$${}^t\overline{\mathbf{x}} = {}^t\overline{\mathbf{x}}'\, {}^t\overline{U} = {}^t\overline{\mathbf{x}}'\, U^*$$

となる．ゆえに $Q_A(x)$ は

$$Q_A(x) = {}^t\overline{\mathbf{x}}A\mathbf{x} = {}^t\overline{\mathbf{x}}'\, U^*AU\,\mathbf{x}' = Q_{U^*AU}(x'),$$

と変換する．すなわち ユニタリ行列 U による2次形式の変換は，対応したエルミート行列 A の U による変換と対応している．ゆえに定理 81 より 次の [エルミート形式の標準形] が得られる：

定理 83.

エルミート形式 $Q(x)$ は，適当なユニタリ行列 U による座標変換をすることにより

$$Q(x) = \lambda_1 \overline{x'_1}\, x'_1 + \lambda_2 \overline{x'_2}\, x'_2 + \cdots + \lambda_n \overline{x'_n}\, x'_n \tag{5.14}$$

の形になる．ここに，$\lambda_i,\ i = 1, 2, \cdots, n$ は A の固有値である．

定理 84 (Sylvester の慣性法則)**.**

2 次形式 $Q(x)$ は，適当な正則行列 P による座標変換 $\mathbf{x} = P\mathbf{x}'$ をすることにより

$$Q(x) = \overline{x'_1}\, x'_1 + \cdots + \overline{x'_p}\, x'_p - \overline{x'_{p+1}}\, x'_{p+1} - \cdots - \overline{x'_{p+q}}\, x'_{p+q} \tag{5.15}$$

となる．ここに，p, q は（座標変換によらず）$Q(x)$ により一意的に決まる．

(p, q) は**座標変換によらず** $Q(x)$ により一意的に決まる，(p, q) を Q の**符号数**といい，q をエルミート形式 Q の**指数**という．

定義 85.

$$Q_A(x) \geq 0, \quad \forall \mathbf{x} \in V \overset{\text{定義}}{\Longleftrightarrow} A \geq 0,$$

と書いて A は非負定値エルミート行列であるという．さらに $\forall \mathbf{x} \neq 0$ に対しては $Q_A(x) > 0$ となれば A は正定値エルミート行列であるといい $A > 0$ と書く．

命題 86.

A, B を二つのエルミート行列として，$A > 0$ とする．このとき適当な正則行列 P により A, B は次のように対角化できる．

$$P^*AP = E, \qquad P^*BP = \begin{pmatrix} \lambda_1 & 0 & & 0 \\ 0 & \lambda_2 & & \\ & & \ddots & \\ & & & \\ & & 0 & \lambda_n \end{pmatrix}.$$

証明.　この問題は，対称行列に対する 2.4.3 節の系 54 と同じ類である．Sylvester の慣性法則の証明（定理 84 だが証明は定理 52 と同様）の中で見たように $A > 0$ なら，ある正則行列（ユニタリ行列と相似変換の合成）により $P_1^* A P_1 = E$

とできる．次に $P_1^*BP_1$ はエルミート行列になることに注意して，ユニタリ行列 P_2 により $P_1^*BP_1$ を対角行列 D にすればよい．$P=P_1P_2$ とおくと

$$P^*AP = P_2^*P_1^*AP_1P_2 = P_2^*P_2 = E, \quad P^*BP = P_2^*DP_2.$$

$P_2^*DP_2$ は対角行列になることが容易にわかる．

問. ユニタリ行列 P と対角行列 A に対して P^*AP が対角行列になることを示せ．

5.7 正規行列

エルミート行列がユニタリ行列により対角化されることを証明した．では，ある行列がユニタリ行列により対角化されるためには どのような条件が必要十分だろうか．

定義 87.

$$AA^* = A^*A \tag{5.16}$$

を満たす $n\times n$ 行列 A を 正規行列という．

問. エルミート行列は正規行列である．

補題 88.

A がユニタリ行列で対角化されるなら A は正規行列である．

$$対角行列\ D = \begin{pmatrix} d_1 & 0 & \cdots & 0 \\ 0 & d_2 & & \vdots \\ \vdots & & \ddots & \\ & \cdots & 0 & d_n \end{pmatrix} に対して$$

$$D^* = \overline{D}, \quad D\overline{D} = \overline{D}D,$$

が成り立つことに注意しよう．いま，仮定より行列 A は あるユニタリ行列 U により $A=U^*DU$ と書けている．

$$AA^* = U^*DU\,(U^*DU)^* = U^*DUU^*D^*(U^*)^* = U^*D\overline{D}U.$$

$$A^*A = (U^*DU)^*U^*DU = U^*\overline{D}DU = U^*D\overline{D}U$$

ゆえに $AA^* = A^*A$.

補題 89.

部分空間 W が A^* 不変ならば，$W^\perp$ は A 不変である．

証明.

$$W^\perp = \{\mathbf{x} \in V;\, (\mathbf{x}, \mathbf{w}) = 0, \quad \forall \mathbf{w} \in W\}$$

であった．

$\mathbf{v} \in W^\perp$ をとる．$\forall \mathbf{w} \in W$ に対して $(A\mathbf{v}, \mathbf{w}) = (\mathbf{v}, A^*\mathbf{w})$ だが W が A^* 不変だから $A^*\mathbf{w} \in W$ である．ゆえにこの右辺は 0 となり $A\mathbf{v} \in W^\perp$.

定理 90.

1. 行列 A がユニタリ行列で対角化されるための必要十分条件は A が正規行列となることである．

2. A の相異なる固有値の全体を $\lambda_1, \lambda_2, \cdots, \lambda_r$ とする．
A が正規行列となることは，A の相異なる固有値に対する固有空間が互いに（エルミート）直交し，V が A の固有空間の直和に分解する:

$$V = V(\lambda_1) \oplus V(\lambda_2) \oplus \cdots \oplus V(\lambda_r),$$

ための必要十分条件である．ここに $V(\lambda_k) = \{\mathbf{v} \in V;\, A\mathbf{v} = \lambda_k \mathbf{v}\}$ である．

証明. 正規行列 A がユニタリ行列で対角化されることを帰納法で証明する(対称行列の直交行列による対角化，2.4.2 節の議論と同様である)．

V の正規直交基底

$$\mathbf{e}_1, \cdots, \mathbf{e}_n$$

により行列 A が与えられているとする．

A の一つの固有値を λ_1 とし，$W_1 = \{\mathbf{x} \in V;\, A\mathbf{x} = \lambda_1 \mathbf{x}\}$ を A の固有値 λ_1 に対する固有空間とする．W_1 は A 不変であるが，さらに A^* 不変でもある．実際 $\mathbf{v} \in W_1$ に対して

$$A(A^*\mathbf{v}) = A^*A\mathbf{v} = \lambda_1 A^*\mathbf{v}$$

より $A^*\mathbf{v} \in W_1$. 補題 89 より $W_1^\perp$ は A 不変．よって V の正規直交基底

$$\mathbf{e}'_1, \cdots, \mathbf{e}'_n$$

を，はじめの

$$\mathbf{e}'_1, \cdots, \mathbf{e}'_{n_1}, \quad n_1 = \dim W_1,$$

が W_1 の基底で残りの

$$\mathbf{e}'_{n_1+1}, \cdots, \mathbf{e}'_n$$

が $W_1^{\perp}$ の基底となるように取り，基底 $\{\mathbf{e}_j\}$ から基底 $\{\mathbf{e}'_j\}$ への変換行列を U_1 としよう．U_1 はユニタリ行列である．このとき

$$U_1^{-1}AU_1 = \begin{pmatrix} \lambda_1 E_{n_1} & 0 \\ 0 & B_1 \end{pmatrix}.$$

$n_1 = n$ なら証明は終わり．$n_1 < n$ なら B_1 が正規 $(n-n_1)\times(n-n_1)$ 行列となることに注意しよう．実際 条件 $AA^* = A^*A$ は

$$\begin{pmatrix} \lambda_1\overline{\lambda}_1 E_{n_1} & 0 \\ 0 & B_1B_1^* \end{pmatrix} = \begin{pmatrix} \overline{\lambda}_1\lambda_1 E_{n_1} & 0 \\ 0 & B_1^*B_1 \end{pmatrix}$$

となるので $B_1B_1^* = B_1^*B_1$.

帰納法の仮定より $(n-n_1)\times(n-n_1)$ ユニタリ行列 U_2 により $U_2^{-1}B_1U_2$ が対角行列になる．したがって

$$U = U_1 \begin{pmatrix} \lambda_1 E_{n_1} & 0 \\ 0 & U_2 \end{pmatrix}$$

により $U^{-1}AU$ は対角行列になる．

2. は定理 70 よりわかる．

索　　引

よ

れ

わ

著者紹介

郡　敏昭（こおり　としあき）

1941年	中華民国上海市生まれ
1964年3月	京都大学理学部数学科卒業
1977年4月	早稲田大学理工学部教授
	早稲田大学名誉教授
	Docteur ès Sciences

2016年 7月 15日　第1版発行

著者の了解により検印を省略いたします

著　　者©郡　　敏　昭
発 行 者　内　田　　学
印 刷 者　山　岡　景　仁

明解 線形代数
行列の標準形，固有空間の理解に向けて

発行所　株式会社　内田老鶴圃　〒112-0012 東京都文京区大塚3丁目34番3号
電話 03(3945)6781(代)・FAX 03(3945)6782
http://www.rokakuho.co.jp
印刷・製本/三美印刷 K.K.

Published by UCHIDA ROKAKUHO PUBLISHING CO., LTD.
3-34-3 Otsuka, Bunkyo-ku, Tokyo, Japan

ISBN 978-4-7536-0020-5 C3041　U. R. No. 622-1

計算力をつける線形代数

神永 正博・石川 賢太　著　A5・160 頁・本体 2000 円　ISBN978-4-7536-0032-8

計算力の養成に重点を置いた構成をとり，問，章末問題共に計算練習を中心とする．理論上重要であっても，抽象的な理論展開は避け「連立方程式の解き方」「ベクトル，行列の扱い方」を重点的に説明する．ベクトル，行列という言葉を初めて聞く学生や，数学 B，数学 C を履修していない学生でも学習上問題ないように最大限配慮．

線形代数とは何をするものか？／行列の基本変形と連立方程式 (1) ／行列の基本変形と連立方程式 (2) ／行列と行列の演算／逆行列／行列式の定義と計算方法／行列式の余因子展開／余因子行列とクラメルの公式／ベクトル／空間の直線と平面／行列と一次変換／ベクトルの一次独立，一次従属／固有値と固有ベクトル／行列の対角化と行列の k 乗／問と章末問題の略解

計算力をつける微分積分

神永 正博・藤田 育嗣　著　A5・172 頁・本体 2000 円　ISBN978-4-7536-0031-1

微分積分を道具として利用するための入門書．微積の基本が「掛け算九九」のレベルで計算できるように工夫，公式・定理はなぜそのような形をしているかが分かる程度にとどめる．工業高校からの入学者も想定し，数学 III を履修していなくても無理なく学習が進められるように配慮する．

指数関数と対数関数／三角関数／微分／積分／偏微分／２重積分／問の略解・章末問題の解答

計算力をつける微分積分 問題集

神永 正博・藤田 育嗣　著　A5・112 頁・本体 1200 円　ISBN978-4-7536-0131-8

待望の登場．数学を道具として利用する理工系学生向けの微分積分学の入門書として好評を博しているテキスト「計算力をつける微分積分」の別冊問題集である．691 問を用意し，テキストに沿っているため予習・復習に好適の書．高校で微分積分を未修の理工系学生も本問題集で鍛え，問題を全て解くことにより大学の微分積分学の基礎を着実にマスターできる．

指数関数と対数関数／三角関数／微分／積分／偏微分／２重積分

計算力をつける応用数学

魚橋 慶子・梅津 実　著　A5・224 頁・本体 2800 円　ISBN978-4-7536-0033-5

本書は数学をおもに道具として使う理工系学生のための応用数学の入門書である．応用数学として扱われる分野は幅広いが，なかでも大学・高専で学ぶことの多い常微分方程式，フーリエ・ラプラス解析，複素関数の分野に絞り，計算問題を中心として解説した．計算力の養成に力を注ぎ，厳密な証明は思い切って省略している．また工業高校などからの入学者を想定し，複素数の四則演算を学習していなくとも無理なく本書を読めるよう配慮した．

複素数／常微分方程式／フーリエ級数とフーリエ変換／ラプラス変換／複素関数／問の略解・章末問題の解答

計算力をつける応用数学 問題集

魚橋 慶子・梅津 実　著　A5・140 頁・本体 1900 円　ISBN978-4-7536-0133-2

本書は理工系学生向け教科書「計算力をつける応用数学」に対応する問題集．「より多くの問題演習を行いたい」「もっと難しい問題を解きたい」という声に応えている待望の著である．

複素数／常微分方程式／フーリエ級数とフーリエ変換／ラプラス変換／複素関数／問題解答

計算力をつける微分方程式

藤田 育嗣・間田 潤　著　A5・144 頁・本体 2000 円　ISBN978-4-7536-0034-2

本書は，微分方程式を道具の一つとして使用する人のための入門書である．例題のすぐ後に，その例題の解法を参考にすれば解くことができる問題を配置．この積み重ねにより確実に計算力がレベルアップし，章末問題まで到達できる．第 1 章章末問題ではベルヌーイの微分方程式と積分因子を，第 2 章章末問題では 3 階以上の高階線形微分方程式に関する問題も用意．付章「物理への応用」の扱いも本書の特徴の一つであり，これにより微分方程式を身につける意味を実感できる．

微分方程式とは？／１階微分方程式／定数係数２階線形微分方程式／級数解／付章　物理への応用

表示価格は税別の本体価格です．　http://www.rokakuho.co.jp/